高等学校机械类专业系列教材

上海理工大学精品本科系列教材

机械设计基础实验教程

编著　周晓玲

主审　汪中厚

U0379733

西安电子科技大学出版社

内 容 简 介

　　机械设计基础实验是机械原理、机械设计、机械设计基础课程教学环节中重要的一个实践环节，本书介绍了相关实验的基本实验目的、内容、原理、过程、方法、操作与分析等，力求加强培养、锻炼学生的实际动手能力和创新能力，要求实验后学生能分析、归纳实验结果，编写出完整的实验报告，为学生学习后续课程和以后从事本专业工程技术和科学研究工作打下基础，进而全面提高学生的创新能力和综合素质。

　　本书是为上海市高等学校机械工程实验教学示范中心编写的实验教程，可供机械类及非机械类相关专业使用。

　　本书的适用课程：机械原理、机械设计、机械设计基础。

　　本书的适用专业：机械类专业及非机械类相关专业。

图书在版编目(CIP)数据

机械设计基础实验教程/周晓玲编著. —西安：西安电子科技大学
出版社，2016.1(2023.7 重印)
ISBN 978 - 7 - 5606 - 3878 - 2

Ⅰ. ① 机…　Ⅱ. ① 周…　Ⅲ. ① 机械设计－实验－高等学校－教材
Ⅳ. ① TH122 - 33

中国版本图书馆 CIP 数据核字(2015)第 319111 号

策　　划　毛红兵
责任编辑　毛红兵
出版发行　西安电子科技大学出版社(西安市太白南路 2 号)
电　　话　(029)88202421　88201467　　邮　　编　710071
网　　址　www.xduph.com　　　　电子邮箱　xdupfxb001@163.com
经　　销　新华书店
印刷单位　西安日报社印务中心
版　　次　2016 年 1 月第 1 版　2023 年 7 月第 2 次印刷
开　　本　787 毫米×1092 毫米　1/16　印　张　13.25
字　　数　310 千字
定　　价　28.00 元
ISBN 978 - 7 - 5606 - 3878 - 2/TH
XDUP 4170001 - 2
＊＊＊如有印装问题可调换＊＊＊

前　言

近年来，上海理工大学特别注重本科生的教育，致力于打造精品本科的名片。与此同时，作为教育部批准的"卓越计划"试点高校，上海理工大学肩负着实施符合自身发展的卓越工程师培养模式的重大责任。学校在加强科学文化基础知识教授的基础上，以强化其工程实践能力、工程设计能力与工程创新能力为核心，重新构建课程体系和教学内容，加强大学生创新能力的训练；注重学生的潜质个性，培养科技创新人才；大力发展机械类等特色专业，以培养造就一大批创新能力强、适应经济社会发展需要的高质量的各类型工程技术人才。

在高度重视实验、实习等实践性教学环节的大背景下，作为上海市实验教学示范中心，上海理工大学机械工程实验中心根据学校提出的人才培养总体目标，在机械基础教学领域打破了实践教学依附于理论教学的模式，建立了实践教学与理论教学并行，既相对独立又相互联系的实验教学体系，独立开设了机械设计基础实验课程。该课程是高等工科院校机械基础实验的核心课程之一，它对于培养学生的工程实践能力、科学实验能力、创新能力及综合设计研究能力起着重要作用。

本书是该实验课程的指导用书，是上海理工大学精品本科系列教材，也是高等院校机械类、近机类及其他相关专业(包括机械原理、机械设计、机械设计基础及机械基础)的实验教材。本书包括机械原理实验、机械设计实验、研究和创新型实验三个部分，围绕认知实验、基础实验、创新与综合性实验等方面展开，系统介绍了机械原理及机械设计实验目的、实验内容、实验原理、实验方法及操作。书中注重实验项目设置的系统性和科学性，力求构建新的机械原理及机械设计实验课程体系，以加强培养学生的设计能力、研究能力、综合应用能力和实践动手能力。

由于编者水平有限，书中不当之处在所难免，敬请同行专家和广大读者批评指正。

编　者
2015 年 7 月

目　　录

第一章　机械原理实验

实验一　机构及机构组成认知实验………………………………………………… 3

实验二　机构运动简图测绘实验…………………………………………………… 7

实验三　插齿机机构运动简图测绘与分析实验………………………………… 15

实验四　渐开线圆柱齿轮的参数测定实验……………………………………… 23

实验五　渐开线齿轮范成原理实验……………………………………………… 29

实验六　闪光式动平衡实验………………………………………………………… 33

实验七　硬支承动平衡实验………………………………………………………… 39

第二章　机械设计实验

实验一　机械设计认知实验………………………………………………………… 49

实验二　螺栓组连接特性实验……………………………………………………… 61

实验三　齿轮传动效率测试实验…………………………………………………… 69

实验四　闭式带传动实验…………………………………………………………… 77

实验五　开式带传动实验…………………………………………………………… 83

实验六　液体动压轴承实验………………………………………………………… 91

实验七　动压径向滑动轴承实验………………………………………………… 103

实验八　轴系结构设计与分析实验……………………………………………… 109

实验九　摩擦磨损实验……………………………………………………………… 113

第三章　研究和创新型实验

实验一　机械创新设计认知实验………………………………………………… 123

实验二　减速器拆装与结构分析实验…………………………………………… 133

实验三　平面机构创意组合与分析实验………………………………………… 137

实验四　机构运动方案创新设计与运动分析实验…………………………… 145

实验五　机械系统集成实验……………………………………………………… 169

实验六　机械传动性能综合实验………………………………………………… 173

第一章　机械原理实验

实验一　机构及机构组成认知实验

一、实验目的

（1）通过观察典型机构运动的演示，建立对机器和机构的感性认识。

（2）了解常用机构的名称、组成结构的基本特点及运动形式，为今后深入学习机械原理提供直观的印象。

二、实验设备

（1）同步 CD 解说机械原理示教板。

（2）各种典型的机构、机器（如缝纫机、颚式破碎机模型、内燃机模型、油泵模型等）。

三、实验内容

机械原理示教板顺序如下：

第一板：绪言。这部分简要地介绍机器与机构，其中有单缸汽油机、蒸汽机模型、家用缝纫机以及各种运动副。

第二板：平面连杆机构的基本知识。平面连杆机构最基本的是四连杆机构，分三大类来介绍：第一类铰链四连杆机构，第二类单移动副机构，第三类双移动副机构。

第三板：分两个部分来介绍，第一部分是运动简图及其画法，第二部分是平面连杆机构的应用，主要介绍了实现给定运动规律和实现给定轨迹。

第四板：凸轮机构。凸轮机构种类繁多，应用广泛，这里主要介绍凸轮机构的主要组成部分和基本形式。在平面凸轮机构中，介绍力锁合与结构锁合情况时的凸轮机构及运动情况，还介绍了一些空间凸轮机构。

第五板：齿轮机构类型。齿轮机构具有运转平稳、承载能力强、体积小、效率高等优点，故应用很广。本板根据齿轮主动轮与从动轮的两轴线的相对位置，将齿轮机构分为平行轴传动、相交轴传动、相错轴传动三大类来介绍。

第六板：齿轮基本参数。本板介绍齿轮的一些基本知识，同时观察渐开线和摆线的形成。

第七板：周转轮系。本板演示差动、行星轮系和定轴轮系形成的特点，同时介绍周转轮系的一些主要功用。

第八板：停歇和间歇运动机构。本板从棘轮运动机构、槽轮机构、齿轮式间歇机构、凸轮式间歇运动机构等几个方面来介绍。

第九板：组合机构。本板介绍了串联组合、并联组合、反馈组合、叠合组合等方式组合成的组合机构。

第十板：空间连杆机构。本板介绍了空间四杆机构、空间五杆机构、空间六杆机构等空间机构。

四、实验要求

（1）观察各种连杆机构的组成结构、运动构件上点的运动轨迹、各种运动副的异同、这些机构间的内在联系，分清哪些是基本形式，哪些是基本形式演变而成的机构。

（2）观察各种凸轮机构的原动件和从动件的结构特点及运动形式，分清哪些是平面凸轮，哪些是空间凸轮。

（3）观察各种间歇机构的原动件和从动件的运动情况，分清哪些是平面机构，哪些是空间机构。

（4）了解各种机构的名称及其运动情况。

实 验 报 告

姓名		学号		班级	
组别		实验日期		成绩	

一、实验目的

（1）通过观察典型机构运动的演示，建立对机器和机构的感性认识。

（2）了解常用机构的名称、组成结构的基本特点及运动形式，为今后深入学习机械原理提供直观的印象。

二、实验设备

（1）同步 CD 解说机械原理示教板。

（2）各种典型的机构、机器（如缝纫机、颚式破碎机、内燃机模型、油泵模型等）。

三、思考与讨论题

（1）你所看到的平面连杆机构由哪些基本构件组成？何谓曲柄、摇杆、连杆、机架？

（2）组成平面四杆机构的运动副有什么共同特点？你能说出它们的类型和名称吗？

（3）平面四杆机构有哪些基本类型？有哪些演变形式？你能说出它们的演变途径吗？

（4）凸轮机构由哪些构件组成？其中的运动副与连杆机构相比有何异同？

（5）分别从凸轮的结构特点、从动件的运动形式、凸轮与从动件的锁合形式的区别三个方面说出凸轮机构有哪些类型，它们分别叫什么名称。

（6）请说出几种间歇机构的类型、名称。

实验二　机构运动简图测绘实验

一、实验目的

（1）学会将机构模型测绘成机构运动简图，以便将来能有更好的设计能力。

（2）增强对机构的感性认识，为理论学习打下良好基础。

二、实验内容和要求

（1）选定两个机械实物，分别在实验报告内按一定比例绘制机构运动简图。

（2）另选两个机构，分别在实验报告内绘制机构运动简图。

（3）对照实验报告中所示的机构绘制出机构运动简图。

注意：机构运动简图中的尺寸不必严格按照比例，但简图中构件尺寸要与原机构构件尺寸大致相符。

三、实验设备和工具

（1）各种机械实物或模型。

（2）钢皮尺、外卡尺。

（3）自带铅笔、橡皮、三角板、草稿纸。

四、实验原理

由于机构的运动关系仅与机架、活动构件数以及运动副的数目、种类和相对位置有关，故可避开构件的外形和运动副的具体结构而利用一些规定的符号，按一定的比例绘制成简单的图形，从而将运动特征表达出来，这种简单的图形称为机构运动简图。

一个正确的机构运动简图必须同时具备以下条件：

（1）构件数目和它们之间的连接关系与原机构相同。

（2）运动副的数目、类型和相对位置与原机构相同。

（3）在机架上画有剖面线，在原动件上画有表示运动方向的箭头，各运动副均按规定的代表符号画出。注有长度尺寸和长度比例尺。

五、实验方法和步骤

为便于掌握，引用以下例题说明绘制机构运动简图的方法和步骤。

试绘制图 1.2 - 1(a)所示的偏心轮机构模型的运动简图。

（1）认清机构的各个构件并编以序号。

缓慢转动原动件手柄，使机构运动。注意观察哪个构件是机架，有哪些活动构件，并将它们逐一编号。在本例中，机架是构件 1，活动构件有偏心轮 2、连杆 3、活塞 4。

（2）找出各运动副，判别它们的类型，用规定的符号表示，并注以字母。

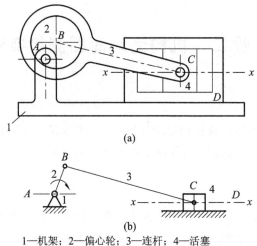

(a)

(b)

1—机架；2—偏心轮；3—连杆；4—活塞

图 1.2-1　偏心轮机构模型的运动简图

反复转动手柄，可以观察到构件 2 绕机架上的 A 点转动，故两者在 A 点组成转动副；构件 3 与 2 之间做相对转动，转动中心在偏心轮的圆心 B，故两者在 B 点组成转动副；构件 3 与 4 绕 C 点做相对转动，故两者在 C 点组成转动副；构件 4 沿机架 1 的 $x-x$ 水平线作移动，故两者组成沿该方位线的移动副。接着在纸上画出三个相应的转动副符号并注以字母 A、B、C 和一个移动副符号并注以字母 D。

（3）用简单线条表示出机构的各个构件。

① 对于带有两个转动副的构件，不论其外形如何，常用连接两转动副之间的直线来表示。例如直线 AB 表示构件 2，直线 BC 表示构件 3。

② 对于带有移动副的构件，不论其截面形状如何，常用一个滑块或一条实线段表示，例如，滑块 4 代表带有移动副的构件 4，$x-x$ 线表示滑块运动的方位线，一般画在通过滑块铰链的中心 C 点的位置。

③ 测量机构尺寸。按比例在实验报告上绘制运动简图，测量 AB 杆和 BC 杆的长度以及 $x-x$ 线到曲柄转动中心 A 点的垂直距离。选定恰当的比例 μ_L 和机构原动件的位置，画出本机构的运动简图，如图 1.2-1 所示。μ_L 的计算式为

$$\mu_L = \frac{\text{实际长度 } L_{AB}\text{(m 或 cm)}}{\text{图上长度 } AB\text{(mm)}}$$

（4）按绘制出的机构运动简图计算出它的自由度数，并用模型进行验证。

本机构的自由度数为

$$F = 3n - 2P_L - P_H = 3 \times 3 - 2 \times 4 - 0 = 1$$

根据机构具有确定运动的条件，机构的原动件数应等于自由度数。令本机构的曲柄 AB 为原动件。转动曲柄，观察到其余各个从动件均做确定的运动。故知绘制出的机构运动简图的自由度数与实际机构相符。

注意：自由度 F 的计算不能只写计算结果，必须写出计算过程。

（5）机构简图中运动副的代表符号见表 1.2-1。

表 1.2－1　机构简图中运动副及机架的代表符号和构件连接示例

符　号	代表意义	符　号	代表意义
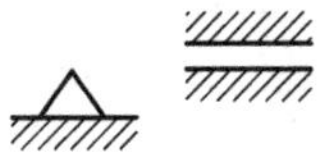	移动副机架，转动副机架	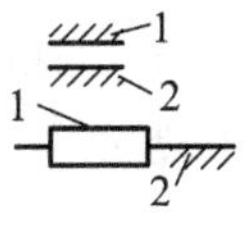	主动件 1 与机架 2 组成移动副
	两杆用转动副连接	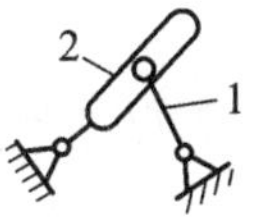	构件 1 和构件 2 组成高副连接
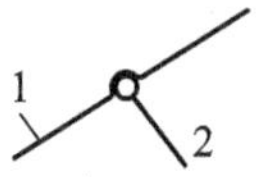	两杆用转动副连接	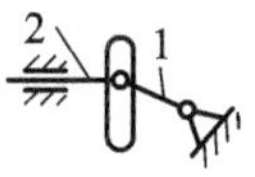	构件 1 与构件 2 组成高副连接
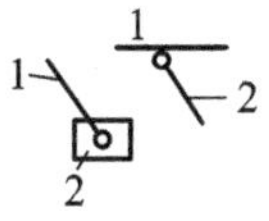	两杆用转动副连接	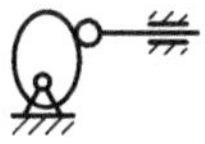	凸轮与推杆组成高副连接
	摇块	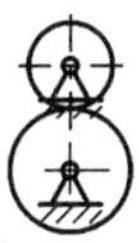	外啮合圆柱齿轮（高副）
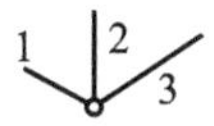	三杆用转动副连接	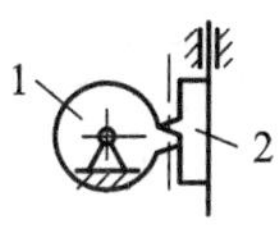	齿轮 1 与齿条 2 啮合组成高副连接

符号	代表意义	符号	代表意义
	构件 1 与构件 2 组成转动副		构件 1 与构件 2 转动副连接,构件 2 与构件 3 移动副连接
	两杆用移动副连接		

实 验 报 告

姓名		学号		班级	
组别		实验日期		成绩	

一、实验目的

（1）学会将实际机器或机构模型测绘成机构运动简图，以便将来能有更好的设计能力。

（2）增强对机构的感性认识，为理论学习打下良好基础。

二、设备和工具

（1）各种机械实物或模型。

（2）钢皮尺、外卡尺。

（3）自带铅笔、橡皮、三角板、草稿纸。

（1）机构名称或编号 _____。

长度比例尺 $\mu_L=$ _____ cm/mm

机构运动简图

机构自由度 $F=3n-2P_L-P_H=$

（2）机构名称或编号 _____。

长度比例尺 $\mu_L=$ _____ cm/mm

机构运动简图

机构自由度 $F=3n-2P_{\mathrm{L}}-P_{\mathrm{H}}=$

（3）机构名称或编号 _____。

长度比例尺 $\mu_{\mathrm{L}}=$ cm/mm

机构运动简图

机构自由度 $F=3n-2P_{\mathrm{L}}-P_{\mathrm{H}}=$

（4）机构名称或编号 _____。

长度比例尺 $\mu_{\mathrm{L}}=$ cm/mm

机构运动简图

机构自由度 $F=3n-2P_{\mathrm{L}}-P_{\mathrm{H}}=$

（5）机构名称或编号＿＿＿＿＿＿＿。

长度比例尺 $\mu_L=$　　　　　cm/mm

机构运动简图

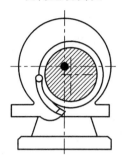

机构自由度 $F=3n-2P_L-P_H=$

（6）机构名称或编号＿＿＿＿＿＿＿。

长度比例尺 $\mu_L=$　　　　　cm/mm

机构运动简图

机构自由度 $F=3n-2P_L-P_H=$

实验三　插齿机机构运动简图测绘与分析实验

一、实验目的

（1）掌握将实际机器测绘成机构运动简图的技能。

（2）增强对各种机构、构件、运动副等概念的感性认识。

（3）了解与认识 YJ—79 型插齿原理教具的工作原理与各种传动机构。

（4）认识 YJ—79 型插齿机的进给运动、切削运动、范成运动部分的机构组成形式。

（5）培养学生按照 YJ—79 型插齿机实样，绘制其部分或完整的机构运动简图的技能。

二、实验内容和要求

（1）分析 YJ—79 型插齿机的工作原理。

（2）按照 YJ—79 型插齿机的实样绘制其进给运动部分的机构运动简图。

（3）按照 YJ—79 型插齿机的实样绘制其切削运动部分的机构运动简图。

（4）按照 YJ—79 型插齿机的实样绘制其范成运动部分的机构运动简图。

（5）按照 YJ—79 型插齿机的实样绘制其整机部分的机构运动简图。

三、实验设备与工具

（1）实验设备：YJ—79 型插齿原理教具。

（2）实验工具：卷尺、游标尺、直尺、铅笔及纸等。

该插齿原理教具是插齿机利用范成原理加工齿轮轮齿的教学示教模型。图 1.3－1 为 YJ—79 型插齿原理教具的外形图。它主要由进给运动部分、切削运动部分和范成运动部分组成。

图 1.3－1　YJ—79 型插齿原理教具外形图

四、实验装置的工作原理与构造

图 1.3－2 为 YJ—79 型插齿原理教具机构示意图。该机构示意图全面反映了 YJ—79 型进给运动机构、切削运动机构、范成运动机构等部分的工作原理、传动机构形式以及构

件之间和机构之间的相互关系。

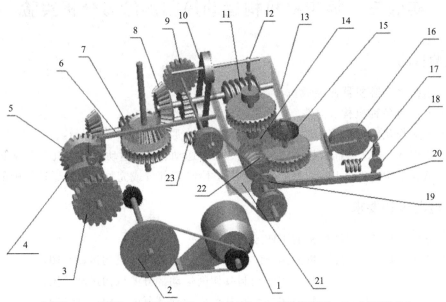

1—电动机；2—V带传动；3—直齿轮传动；4—凸轮机构；5—圆锥齿轮传动；6—曲柄滑块机构；
7—蜗杆传动；8—圆锥齿轮传动；9—螺旋齿轮传动；10—链传动；11—蜗杆传动；
12—曲柄滑块机构；13—滑块；14—刀具；15—齿坯；16—凸轮机构；17—压缩弹簧；
18—棘轮机构；19—链传动；20—曲柄摇杆机构；21—滑块；22—蜗杆机构；23—拉伸弹簧

图 1.3 - 2 YJ—79 型插齿原理教具机构示意图

1. YJ—79 型传动过程简介

YJ—79 型插齿原理教具传动系统框图见图 1.3 - 3。

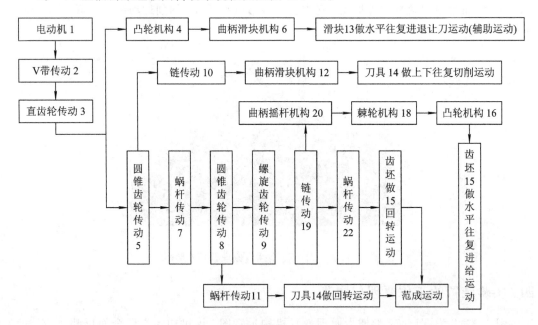

图 1.3 - 3 YJ—79 型插齿原理教具传动系统框图

2. YJ—79 型实验装置构造

由图 1.3 - 2 和图 1.3 - 3 所示可知，从电动机 1 到直齿轮传动 3 部分，是该实验装置的公共传动部分。圆锥齿轮传动 5、链传动 10 及曲柄滑块机构 12 组成了刀具切削运动系统。凸轮机构 4、曲柄滑块机构 6 及滑块 13 组成了一个辅助刀具进退让刀运动系统。当刀具 14 向下切削位于最低点时，滑块 13 由曲柄滑块机构 6 带动，向左有一个微小的退让水平运动，使得刀具 14 与齿坯 15 在径向方向留有一个退刀间隙，此时，刀具 14 能顺利地向上运动；当刀具 14 位于最高点时，滑块 13 仍由曲柄滑块机构 6 带动，向右有一个微小的复位（进给）水平运动，刀具再次向下切削运动，如此重复，完成切削运动。

滑块 13 上安装了蜗杆传动 11，当滑块 13 做水平往复进退让刀运动时，蜗杆传动 11 随着滑块 13 移动而一起移动，它的轴与圆锥齿轮传动 8 的轴有相对滑动，滑块 13 左侧的圆柱螺旋拉伸弹簧 23 是凸轮机构 4 的锁合装置，起复位功能。

圆锥齿轮传动 5、蜗杆传动 7、圆锥齿轮传动 8、蜗杆传动 11 组成了刀具 14 的回转运动。

圆锥齿轮传动 5、蜗杆传动 7、圆锥齿轮传动 8、螺旋齿轮传动 9、链传动 19、蜗杆传动 22 组成了齿坯 15 的回转运动。它与刀具 14 的回转运动构成了范成运动。

链传动 19、曲柄摇杆机构 20、棘轮机构 18 及凸轮机构 16 组成了齿坯 15 的进给运动。

滑块 21 的中间安装了一蜗杆传动 22，上方安装了齿坯 15，它的右侧有一进给运动的凸轮机构和锁合装置的圆柱螺旋压缩弹簧 17。

五、实验注意事项

（1）启动电源前，必须把防护罩罩好。

（2）开机工作时，人应站在机器前侧，不能站在 V 带传动边上。

（3）停机不用和测绘该实验装置时，应切断电源。

（4）具体测绘该实验装置时，切断电源，用手动操作。

六、机构运动简图测绘的方法及步骤

（1）了解待绘制机构的名称及功用，认清机械的原动件、传动系统和工作执行构件。

（2）逆时针缓慢旋转手轮，细心观察运动在各构件间的传递情况，了解活动构件、运动副的数目及其性质。

（3）要选择最能表达机构特征的三维视图，建立三维坐标系，同时要将原动件放在一个适当的位置，以使机构运动的简图最为清晰。

（4）按 GB 4460—84（见表 1.2 - 1）一般构件的表示方法中规定的符号绘制机构运动简图。在绘制时，应从原动件开始，先画出运动副，再用粗实线连接属于同一构件的各运动副，即得各相应的构件。原动件的运动方向用箭头标出。绘制时，在不影响机构运动特性的前提下，允许移动各部分的相应位置，以求图形清晰。初步绘制时可按大致比例作图。作完图后，从原动件开始分别用 1、2、3…标明各构件，再用 A、B、C…标明各运动副。

实 验 报 告

姓名		学号		班级	
组别		实验日期		成绩	

一、实验目的

（1）掌握将实际机器测绘成机构运动简图的技能。

（2）增强对各种机构、构件、运动副等概念的感性认识。

（3）了解与认识 YJ—79 型插齿原理教具的工作原理与各种传动机构。

（4）认识 YJ—79 型插齿机的进给运动、切削运动、范成运动部分的机构组成形式。

（5）培养学生按照 YJ—79 型插齿机实样，绘制其部分或完整的机构运动简图的技能。

二、实验设备与工具

（1）实验设备：YJ—79 型插齿原理教具。

（2）实验工具：卷尺、游标卡尺、直尺、铅笔及纸等。

三、结论与分析

（1）YJ—79 型插齿机的进给运动部分的机构组成是什么？

（2）YJ—79 型插齿机的切削运动部分的机构组成是什么？

（3）YJ—79 型插齿机的范成运动部分的机构组成是什么？

（4）YJ—79 型插齿机的机构组成是什么？

（5）绘制 YJ—79 型插齿机的公共传动部分的机构运动简图。

（6）绘制 YJ—79 型插齿机的进给运动部分的机构运动简图。

（7）绘制 YJ—79 型插齿机的切削运动部分的机构运动简图。

（8）绘制 YJ—79 型插齿机的范成运动部分的机构运动简图。

（9）绘制 YJ—79 型插齿机的完整机构运动简图。

实验四　渐开线圆柱齿轮的参数测定实验

一、实验目的

（1）掌握用简单量具测定渐开线直齿圆柱齿轮各基本参数的方法。
（2）熟练掌握齿轮各部分尺寸、参数间的相互关系和渐开线的性质等。

二、实验设备和工具

（1）齿轮两个(齿数为奇数和偶数的各一个)。
（2）游标卡尺、内外卡尺和钢皮尺。
（3）自带计算器、渐开线函数表、草稿纸、文具等。

三、实验内容

通过观察、测量和计算，确定两个齿轮的齿数 z、模数 m、压力角 α、齿顶高系数 h_a^*、顶隙系数 c^* 和变位系数 x 等值，并将测量值与计算值填入实验报告。

四、实验原理和方法

齿轮模数 m 可通过测量齿轮基圆周节 P_b 求得。P_b 的测量方法如图 1.4-1 所示。用游标卡尺跨过 n 个齿，测得齿轮公法线长度为 W_n(mm)，然后再跨过 $n+1$ 个齿，测得其齿轮公法线长度为 W_{n+1}。为了使测得的数值尽可能准确，应尽可能使卡尺的两个量足与齿廓在分度圆附近相切。为此，应按合理的跨齿数进行测量。跨齿数 n 可参考表 1.4-1 来决定。表中 z 为被测齿轮齿数。

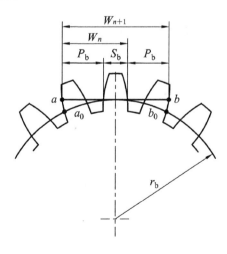

图 1.4-1　齿轮参数测量

表 1.4-1 测量标准齿轮的 P_b 时应跨过的齿数

z	12～17	18～26	27～35	36～44	45～53	54～62	63～71	72～80
n	2	3	4	5	6	7	8	9

由渐开线的性质可知，公法线长度 ab（图 1.4-1）与对应的基圆上的弧长 $\overset{\frown}{a_0 b_0}$ 长度相等，因此

$$W_{n+1} = nP_b + S_b \qquad (1.4-1)$$

同理

$$W_n = (n-1)P_b + S_b \qquad (1.4-2)$$

所以

$$W_{n+1} - W_n = P_b \qquad (1.4-3)$$

当求出基圆周节 P_b 后，可按下式计算被测齿轮的模数：

$$m = \frac{P_b}{\pi \cos\alpha} \qquad (1.4-4)$$

由于式（1.4-4）中的 α 可能是 15°，也可能是 20°（国标设计的齿轮），故要分别带入式（1.4-4）中，算出相应的模数，找到最接近于标准值的一组解答（见表 1.4-2），即为所求的值。

表 1.4-2 标准模数系列（GB1357—78）

mm

第一系列	0.1, 0.12, 0.15, 0.2, 0.25, 0.3, 0.4, 0.5, 0.6, 0.8, 1, 1.25 1.5, 2, 2.5, 3, 4, 5, 6, 8, 10, 12, 16, 20, 25, 32, 40, 50
第二系列	0.35, 0.7, 0.9, 1.75, 2.25, 2.75, (3.25), 3.5, (3.75), 4.5 5.5, (6.5), 7, 9, (11), 14, 18, 22, 28, (30), 36, 45

注：选用模数时，应优先采用第一系列，其次是第二系列，括号内的模数尽可能不用。

又因被测齿轮有可能是变位齿轮，此时还需测定变位系数 x。利用基圆齿厚公式：

$$S_b = S\cos\alpha + 2r_b \, \mathrm{inv}\alpha = m\left(\frac{\pi}{2} + 2x\tan\alpha\right)\cos\alpha + 2r_b \, \mathrm{inv}\alpha \qquad (1.4-5)$$

可得

$$x = \frac{\dfrac{S_b}{m\cos\alpha} - \dfrac{\pi}{2} - z\,\mathrm{inv}\alpha}{2\tan\alpha}$$

其中

$$S_b = W_{n+1} - nP_b$$

再利用齿根高公式

$$h_f = m(h_a^* + c^* - x) = \frac{mz - d_f}{2} \qquad (1.4-6)$$

来确定 h_a^* 和 c^*。式中齿根圆直径 d_f 可用游标卡尺测定，仅 h_a^* 和 c^* 未知，故分别用 $h_a^* = 1$，$c^* = 0.25$ 和 $h_a^* = 0.8$，$c^* = 0.3$ 两组标准值代入。满足等式的一组数值，即为所求的解。

五、实验步骤

（1）直接计数实测齿轮的齿数 z。

（2）测量 W_n 和 W_{n+1}，要求对每一个齿轮沿不同方位跨齿测量三次，取平均值作为测量数据。

（3）测量 d_a 和 d_f，同样要求在不同方位测量三次。

① 对于偶数齿齿轮，可直接测量，如图 1.4 - 2 所示。

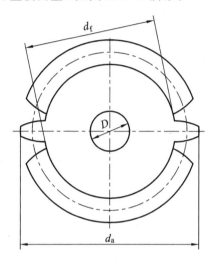

图 1.4 - 2　偶数齿齿轮测量

② 对于奇数齿齿轮，需间接测量，如图 1.4 - 3 所示。其测定步骤如下：

a. 测量中心孔直径 D。

b. 测量孔壁到齿顶圆的径向距离 H_1。

c. 测量孔壁到齿根圆的径向距离 H_2。

d. 计算 d_a 和 S_f。

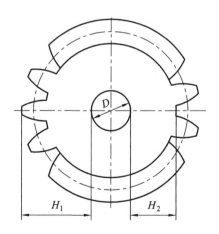

图 1.4 - 3　奇数齿齿轮测量

（4）用式（1.4 - 3）、式（1.4 - 4）先后计算出 P_b 和 m。

（5）计算分度圆直径 d 和基圆直径 d_b：

$$d = mz$$

$$d_b = d\cos\alpha$$

（6）用式(1.4-5)计算 x，当 x 接近于零时，被测齿轮就是标准齿轮，否则是变位齿轮。

（7）计算分度圆齿厚：

$$S = m\left(\frac{\pi}{2} + 2x\,\tan\alpha\right)$$

（8）用式(1.4-6)确定齿顶高系数 h_a^* 和顶隙系数 c^*。

实 验 报 告

姓名		学号		班级	
组别		实验日期		成绩	

一、实验目的

(1)掌握用简单量具测定渐开线直齿圆柱齿轮各基本参数的方法。

(2)熟练掌握齿轮各部分尺寸、参数间的相互关系和渐开线的性质等。

二、实验设备和工具

(1)齿轮两个(齿数为奇数和偶数的各一个)。

(2)游标卡尺、内外卡尺和钢皮尺。

(3)自带计算器、渐开线函数表、草稿纸、文具等。

三、实验数据

测量值表:

齿数	齿轮(偶数)上的钢印号码							
	测量顺序	W_n	W_{n+1}	H_1	H_2	D	d_a	d_f
	1							
	2							
	3							
	平均值							

计算值表(以测量值所得的平均值计算):

P_b	m	α	d	x	h_a^*	c^*

测量值表:

齿数	齿轮(奇数)上的钢印号码							
	测量顺序	W_n	W_{n+1}	H_1	H_2	D	d_a	d_f
	1							
	2							
	3							
	平均值							

计算值表(以测量值所得的平均值计算)

P_b	m	α	d	x	h_a^*	c^*

四、思考题

(1)决定齿廓形状的参数有哪些?

(2)测量时卡尺的卡脚若放在渐开线齿廓的不同位置上,对测量的 W_n 和 W_{n+1} 有无影响,为什么?

(3)齿轮的哪些误差会影响到本实验的测量精度?

(4)在测量 d_a 和 d_f 时,偶数齿齿轮与奇数齿齿轮在测量方法上有何不同?

实验五　渐开线齿轮范成原理实验

一、实验目的

（1）掌握用范成法切制渐开线齿轮的原理。

（2）了解渐开线齿轮的根切现象和如何应用径向变位法避免根切。

（3）分析比较标准齿轮和变位齿轮的异同点。

二、实验设备和工具

（1）齿轮范成仪。

（2）提供分度圆直径为 240 mm 和外圆直径为 300 mm 的圆形绘图纸 1 张（模拟被切齿轮坯件），自带铅笔、圆规、三角板、量角器。

三、实验内容

（1）测量并计算范成仪上齿条（刀）的参数。

（2）在范成仪上绘制标准齿轮的完整齿形 2～3 齿。

（3）绘制无根切现象的变位齿轮的完整齿形 2～3 齿。

四、实验原理和范成仪的功用及结构

范成法加工齿廓的原理就是用包络法求共轭曲线的原理。范成法切制齿轮的主要过程是刀具的刀刃线在被加工齿轮的轮坯上作包络线的过程。范成仪是一种能够演示这种包络过程的装置。

如图 1.5-1 所示，范成仪主要由半圆齿轮 4、齿条 7、底座齿条 1 等组成。齿条代表齿条刀或滚刀，半圆齿轮上的内盘直径等于被加工齿轮轮坯的分度圆直径，半圆齿轮外盘上安放圆形纸代表轮坯。因齿条和齿轮啮合，故当移动齿条时，装在内层圆盘上的齿轮产生的角位移与齿条线位移相同。松开调节螺母 2 可使齿条作径向移动。当它的中位线到同轮坯分度圆相切的位置时，可切出标准齿轮的齿廓。当移至其他某个需要的位置时，可切出所需的变位齿轮的齿廓。用一张适当尺寸的圆形纸（外圆直径应等于被切齿轮轮坯圆直径）通过压紧螺母 5 压在外层圆盘的同心

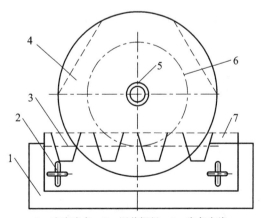

1—底座齿条；2—调节螺母；3—齿条中线；
4—半圆齿轮；5—压紧螺母；6—分度圆直径；7—齿条

图 1.5-1　齿轮范成仪

位置，它的外缘压在齿条下，代表轮坯。移动齿条逐次作小量切向移动（建议每次移动

5 mm 左右），每次均用铅笔沿齿条画线，则铅笔线画在轮坯上的包络线即为被加工齿轮的齿廓曲线，且它的模数和压力角均与齿条的相同。

五、实验步骤

1. 参数测量

（1）测量并计算齿条（刀）的模数 m、压力角 α、齿顶高系数 h_a^* 和顶隙系数 c^*。

（2）根据分度圆盘的直径 240 mm，计算出被加工齿轮的齿数 z。

2. 绘制标准齿轮齿廓

（1）根据分度圆盘的直径 240 mm，计算出这个标准齿轮的齿顶圆直径 d_a 和齿根圆直径 d_f 并画出齿顶圆。剪去齿顶圆以外的多余部分。

（2）在范成仪上固定圆形纸。将圆形纸对准盖板中心，拧紧压紧螺母 5，将纸的边缘插入齿条的下方。

（3）松开调节螺母 2，使齿条中线同圆形纸板上的分度圆相切，拧紧调节螺母。

（4）把齿条切向推到范成仪某一端的极限位置，然后反向逐次少量移动齿条，每次用铅笔沿齿条画线（要将齿条下面有白纸的地方全部画到）。当齿条逐渐移动到另一端时，铅笔线即包络出 2～3 个完整齿形。

3. 绘制变位齿轮齿廓

（1）计算被切齿轮无根切的最小变位系数 X_{min} 和最小变位量 $X_{min}m$ 的值。

（2）将压紧螺母松开，把范成仪上的圆形纸旋转 180°，按近似公式 $d_a = d + 2(h_a^* + X_{min})m$ 计算齿顶圆直径。

（3）松开调节螺母 2，使齿条的中线移到同轮坯分度圆相距 $X_{min}m$ 的位置。

（4）用画标准齿轮的方法，画出 2～3 个完整的变位齿形。

实 验 报 告

姓名		学号		班级	
组别		实验日期		成绩	

一、实验目的

(1) 掌握用范成法切制渐开线齿轮的原理。

(2) 了解渐开线齿轮的根切现象和如何应用径向变位法避免根切。

(3) 分析比较标准齿轮和变位齿轮的异同点。

二、实验仪器和工具

(1) 齿轮范成仪。

(2) 提供分度圆直径为 240 mm 和外圆直径为 300 mm 的圆形绘图纸 1 张（模拟被切齿轮坯件），自带铅笔、圆规、三角板、量角器。

刀具的基本参数：

$m=$　　　　　$\alpha=$　　　　　$h_a^*=$　　　　　$c^*=$

齿轮的基本参数：

$m=$　　　　　$\alpha=$　　　　　$h_a^*=$　　　　　$c^*=$

三、实验结果及其比较

项目	标准齿轮 （填具体数值）	变位齿轮 （填增大、减小或不变）
模数 m		
压力角 α		
分度圆直径 d		
齿距 P		
齿顶圆直径 d_a		
齿根圆直径 d_f		
分度圆齿厚 S		
分度圆齿间宽 e		
顶圆齿厚 S_a		
齿形比较（填写是否根切）		

实验六　闪光式动平衡实验

一、实验目的

（1）巩固转子动平衡的理论知识。

（2）了解动平衡机的基本工作原理和进行转子动平衡的方法。

二、实验设备和工具

（1）RYS-5A 型闪光式动平衡机。

（2）试验转子、称重天平、橡皮泥、游标卡尺、润滑油。

三、实验内容

用加重法使动不平衡的转子达到动平衡。

四、刚性转子动平衡的基本原理

由于转子结构不对称、材质不均匀或制造和安装不准确等原因，有可能会造成转子的质心偏离回转轴线。当其转动时，会产生离心惯性力。惯性力将在构件运动副中引起附加动压力，使机械效率、工作精度和可靠性下降，加速零件的损坏。当惯性力的大小和方向呈周期性变化时，机械将产生振动和噪音。因此，在高速、重载、精密机械中，为了消除或减小惯性力的不良影响，必须对转子进行平衡。

转子平衡问题可分为静平衡和动平衡两类。

对于轴向尺寸 b 与径向尺寸 D 的比值 $b/D \leqslant 0.2$，即轴向尺寸相对很小的回转构件（如砂轮、叶轮、飞轮等），常常可以认为不平衡质量近似地分布在同一回转平面内。因此只要在这一回转面内加上或减去一定的质量，便可使转子达到静平衡。

当转子的 $b/D \geqslant 1$（如电机转子、机床主轴等），或工作转速超过 1000 r/min 时，应考虑做动平衡实验。这时可以认为转子的不平衡质量分布在垂直于轴线的互相平行的若干个回转平面内，当转子转动时，不平衡质量引起的离心力构成一个空间力系。当这些平面上的离心力分解到任选的两个平衡基准面上后，便可以在这两个平衡基准面上求出其不平衡的质径积大小和相位。平衡时，只要在这两个平衡基准面上分别加上或减去一定的质量，便可使转子达到所要求的动平衡。

五、动平衡机结构与工作原理

动平衡机的种类很多，其工作原理和实验方法各有不同。按照平衡转速的角频率 ω 与支承架-转子系统的共振角频率 ω_0 的关系，平衡机通常分为软支承和硬支承两类。

软支承平衡机：平衡转速高于参振系统共振频率的平衡机，一般取 $\omega > 2\omega_0$。

RYS-5A 型闪光式动平衡机为软支承动平衡机，即转子的平衡转速（角速度）一般是转子及其支承系统固有频率的 2 倍以上。

　　图 1.6-1 所示是 RYS-5A 型闪光式动平衡机。它主要由机架、转子支架、驱动系统和测量系统四部分组成。

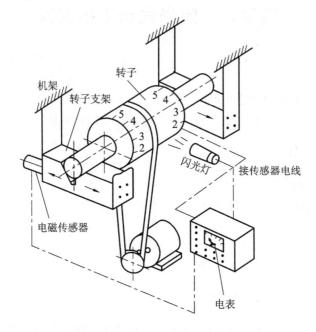

图 1.6-1　RYS-5A 型闪光式动平衡机

　　转子支架用弹簧悬挂于机架上，当转子的质心轴不与转动轴线重合时，其旋转的离心惯性力迫使支架沿水平面作前后摆动。

　　在支架的背面装有电磁式传感器，把支架的振动位移变为电信号，经过测量系统的电路处理后再送到电表和闪光管。电表可显示出不平衡量的大小，闪光灯可照出转子不平衡量的方位。

　　闪光灯的闪光频率与支架的振动频率（即转子的转动频率）相同，故在闪光灯照射下的转子看上去似乎是静止不动的，转子上的等分格线和号码清晰可见。将轻-重旋钮旋到"重"时，闪光下看到的号码是重点（即不平衡质量所在的方向）位置；当旋到"轻"时，看到的号码是轻点（即不平衡质量的相反方向）位置。

　　图 1.6-2 所示的是本机仪器板上的各个旋钮，它们的作用和操作要求如下：

　　（1）电源开关。该旋钮用来开闭仪器的电源。

　　（2）"转速范围"旋钮。该旋钮的指针可以分别旋到Ⅰ、Ⅱ、Ⅲ三挡，各挡对应的转子转速范围列于表 1.6-1 中。先通过电机转速、电机带轮直径和转子直径算出转子的转速后，再将本旋钮旋到相应的挡数上。电机带轮的直径有 $\phi 35$ mm、$\phi 75$ mm、$\phi 105$ mm 三种。

表 1.6-1　挡数与转速范围的关系　　　　　　　　　　　　　r/min

挡数	Ⅰ	Ⅱ	Ⅲ
转速	2000～3000	3000～6000	6000～10 000

　　（3）轻-重旋钮。当旋到"重"时，闪光下看到的是不平衡量的重点方位；当旋到"轻"

时，则为轻点方位。

（4）左-静-右旋钮。测量转子左平衡校正面上的不平衡量时，将它旋到"左"；反之则旋到"右"，不测量时旋到"静"。

（5）转速选择旋钮。用它选出与转子转动频率同步的电信号。当调节本旋钮，使电表指针读数为最大时，即达到了同步。此时闪光下看到的号码才是需要找到的轻点或重点的方位，而电表的读数则代表着不平衡量的大小。

（6）衰减旋钮。当传感器的电信号过强致使电表指针超过满刻度时，用该旋钮逐步将信号衰减，使电表指针指到刻度范围内。

（7）闪光旋钮。该旋钮调节闪光强弱，闪光不宜过强，不用时要关闭。

（8）仪器板下面四个旋钮。这四个旋钮专供成批转子平衡使用。作单件平衡时，各旋钮旋到如表 1.6-2 中所示的各位置。

表 1.6-2 单件平衡时各旋钮位置

"左平面"旋钮	旋到 0 位置
"右平面"旋钮	
"左量"旋钮	旋到 10 位置
"右量"旋钮	

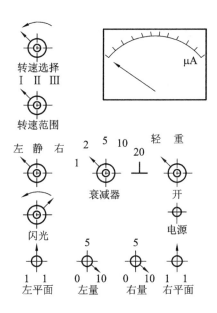

图 1.6-2 RYS-5A 型闪光式动平衡机仪器面板

六、实验方法和实验步骤

（1）开启电源开关，使仪器预热数分钟。同时将仪器板上最下方的四个旋钮旋到表 1.6-2 中的规定位置。

（2）安装转子，将传动带套在主动轮和转子上。计算转子转速

$$n_{转} = \frac{d_{轮}}{d_{转}} n_{电}$$

式中，$n_{转}$、$n_{电}$ 分别是转子和电动机的转速；$d_{轮}$、$d_{转}$ 分别是主动轮和转子的直径。

（3）将转速范围旋钮旋到表 1.6-1 中的相应挡数。

（4）将轻-重旋钮旋到"轻"。

（5）启动电机，驱动转子。将左-静-右旋钮旋到"左"。

（6）调节衰减旋钮，使电表指针在不满刻度的位置为止。

（7）缓慢调节转速选择旋钮，使电表指针达到最大值。开闪光灯，使视线保持水平，观测左校正面上（轻点）的方位号码，并将电表读数和方位号码记录下来。

（8）将左-静-右旋钮旋到"右"，用相同的方法和步骤测出电表的最大读数和右校正面上（轻点）的方位号码，并记录在实验报告上。

（9）停车。分别在左、右两个校正面上"轻"点的方位上加相应的平衡重（它与电表读数呈线性关系）。

（10）重复试验，测出并记录两个校正平面上的有关数据。重复调整所加的平衡重数次，当电表在衰减挡位不变的情况下其读数小于 5 小格，且闪光下看不到明显的方位号码时，我们认为转子已达到动平衡。

实 验 报 告

姓名		学号		班级	
组别		实验日期		成绩	

一、实验目的

（1）巩固转子动平衡的理论知识。

（2）了解动平衡机的基本工作原理和进行转子动平衡的方法。

二、实验设备和工具

（1）RYS-5A 型闪光式动平衡机。

（2）试验转子、称重天平、橡皮泥、游标卡尺、润滑油。

三、实验数据

1. 实验条件

动平衡机型号：_____；

转子重量：_____N；

平衡转速：_____r/min；

加平衡重（左面平衡）处的半径：_____cm；

加平衡重（右面平衡）处的半径：_____cm。

2. 实验数据

次序		输入衰减挡位	显示装置读数	不平衡量位置	所加平衡重量/g	备　注
左平衡面	1					
	2					
	3					
	4					
	5					
	6					
	7					
	8					

次序		输入衰减挡位	显示装置读数	不平衡量位置	所加平衡重量/g	备注
右平衡面	1					
	2					
	3					
	4					
	5					
	6					
	7					
	8					

四、思考题

(1) 刚性转子进行动平衡试验的目的是什么?

(2) 哪些类型的试件需进行平衡试验? 经动平衡后还要不要进行静平衡? 为什么?

(3) 对给定的一个待平衡转子, 你应如何进行平衡? 试述平衡步骤。

(4) 同一转子在不同的动平衡试验机上测得的不平衡质量是否会完全相同? 为什么?

(5) 工程上规定许用不平衡量的目的是什么? 为什么绝对的平衡是不可能的?

(6) 做往复移动或平面运动的构件, 能否用动平衡机将其惯性力平衡? 为什么?

(7) 假设所测试转子为家用电风扇的扇轮, 是否可用同样的方法对其平衡? 如何进行?

(8) 闪光式动平衡机的基本原理是什么?

五、简单结论与分析

实验七　硬支承动平衡实验

一、实验目的

（1）了解硬支承动平衡机的工作原理和进行转子动平衡的方法。
（2）了解软支承动平衡机和硬支承动平衡机在工作原理和实验方法上的区别和特点。

二、实验设备和工具

（1）YYQ—5 型硬支承动平衡机。
（2）试验转子、称重天平、橡皮泥、游标卡尺、润滑油。

三、实验内容

用加重法使动不平衡的转子达到动平衡。

四 、YYQ—5 型硬支承动平衡机的结构及工作原理

1. 结构

硬支承动平衡机由机座、左右支承架、圈带驱动装置、电测箱、电控箱、传感器、限位支架、光电头等部件组成，图 1.7 - 1 所示为 YYQ—5 型硬支承动平衡机。

图 1.7 - 1　YYQ—5 型硬支承动平衡机

电机通过带驱动转子，左、右支承架用于支承实验转子，两支承架的间距可调，且两支承架的左右两侧分别装有限位支架，用于调节限位的位置，防止转子的轴向窜动。

在支承架中部装有压电式力传感器，它是一个机电换能机构，将机械振动转换成电信号，当机械振动产生离心力和压电片产生电荷时，该电荷量与力值成线性正比关系，通过电荷放大器而产生电信号，从而使机械振动的力值变化量由传感器电荷放大器输出时已是一个运算电量。另外装有的光电头用以获得基准角度信号和转速信号，光电头将一束经凸

镜聚焦的光照射到转动的平衡体上，此光束被反射到光电头的发光三极管上，平衡体上有一道标记，随着转动有规律地中断光束的反射，光电三极管的内电阻也随之改变，由此在放大器出口处收到一个脉冲信号。左右传感器输出的不平衡量信号和光电头输出的基准信号，经电测运算后，分别送入电测箱，在电测箱上显示出左、右两校正面的不平衡量的大小和相位。

2. 工作原理

硬支承平衡机的基本特点是 $\omega_n/\omega_0 \leqslant 0.3$，其中，$\omega_n$ 为平衡工件的角频率，ω_0 为弹性振动系统的角频率。

硬支承平衡机的轴承支架刚度很大，转子旋转时，其不平衡量所产生的离心惯性力不能使轴承支架产生较大的振动位移信号，因而通过放大机构，将微小振动位移放大，转子的不平衡量以交变动压力的形式作用于支承架上，它包含不平衡量的大小和相位信息。

根据刚性转子的动平衡原理，一个动不平衡的刚性转子总可以在与旋转轴线垂直而不与转子支承面相重合的两个校正平面上减去或加上适当的质量来达到平衡目的。为了精确、方便、迅速地测量转子的动不平衡，通常把力这一非电量的检测转换成电量的检测，本机用压电式力传感器作为换能器，由于传感器是装在支承轴承处，故测量平面即位于支承平面上。对于转子的两个校正平面，根据各种转子的不同要求(如形状、校正手段等)，一般选择在轴承以外的各个不同位置上，所以有必要把支承处测量到的不平衡力信号换算到两个校正平面上去，这可以利用静力学原理来实现。在动平衡以前，必须首先解决两校正平面不平衡的相互影响。硬支承平衡机转子两校正平面不平衡量的相互影响可以通过两校正平面间距 b，校正平面到左、右支承轴承间距 a、c，即 a、b、c 三个参数的设置预先给予解决，而 a、b、c 几何参数可以很方便地由被平衡转子的结构及其在平衡机上的支承位置来确定。

转子的形状和装载方式如图 1.7-2 所示。

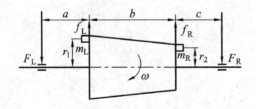

图 1.7-2 转子形状和装载方式

图 1.7-2 中：F_L、F_R 分别为左、右支承平面上承受的压力；

f_L、f_R 分别为左、右校正平面上不平衡质量产生的离心力；

m_L、m_R 分别为左、右校正平面上的不平衡质量；

a、c 分别为左、右校正平面至左、右支承轴承间的距离；

b 为左、右校正平面之间的距离；

r_1、r_2 分别为左、右校正平面的校正半径；

ω 为旋转角速度。

a、b、c、r_1、r_2 和 F_L、F_R 及 ω 均为已知，刚性转子处于平衡时，必须满足 $\sum F = 0$ 和

$\sum M = 0$ 的 平衡条件,这就是转子平衡的力学条件。

动平衡就是选择两个平衡操作面,通过加重、去重、调整等方法形成一个平衡合力和一个平衡合力矩,使原来不平衡力与附加的平衡力的矢量和趋于零,也使原来的不平衡力矩与附加的平衡力矩的合力矩趋于零。校正平面上不平衡量的计算过程如下:

$$F_L + F_R - f_L - f_R = 0 \tag{1.7-1}$$

$$F_L a + f_R b - F_R(b+c) = 0 \tag{1.7-2}$$

由式(1.7-2)得:

$$f_R = \left(1 + \frac{c}{b}\right)F_R - \frac{a}{b}F_L \tag{1.7-3}$$

将式(1.7-3)代入式(1.7-1),得

$$f_L = \left(1 + \frac{a}{b}\right)F_L - \frac{c}{b}F_R \tag{1.7-4}$$

因

$$f_R = m_R r_2^2 \tag{1.7-5}$$

$$f_L = m_L r_1^2 \tag{1.7-6}$$

将式(1.7-5)代入式(1.7-3),得

$$m_R r_2^2 = \left(1 + \frac{c}{b}\right)F_R - \frac{a}{b}F_L \tag{1.7-7}$$

将式(1.7-6)代入式(1.7-4),得

$$m_L r_1^2 = \left(1 + \frac{a}{b}\right)F_L - \frac{c}{b}F_R \tag{1.7-8}$$

式(1.7-7)和式(1.7-8)的物理意义是:如果转子的几何参数(a、b、c、r_1、r_2)和平衡转速 n 已确定,则校正平面上应加的校正质量(即试重)可以直接测量出来,并以克数显示,故不需要调整运转校验转子就能在平衡前进行平面分离。这是硬支承动平衡机所具有的特点。根据不同形状的转子,按其校正平面与支承轴承之间的相对位置,可以有六种不同的装载形式。通过计算这六种装载形式的平衡方程式,可得到四组模拟运算方程式。模拟运算方程是以测量平面上所测得的力换算到校正平面上应有的离心力形式来表达的(详见表1.7-1)。

表 1.7-1　转子支承形式及模拟运算方程

转子支承形式	模拟运算方程
	$f_L = \left(1 + \dfrac{a}{b}\right)F_L - \dfrac{c}{b}F_R$ $f_R = \left(1 + \dfrac{c}{b}\right)F_R - \dfrac{a}{b}F_L$

转子支承形式	模拟运算方程
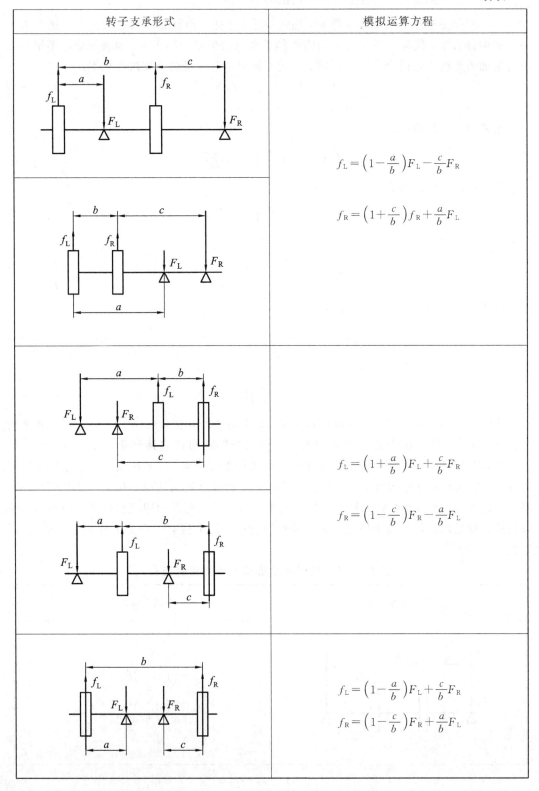	$f_{L} = \left(1 - \dfrac{a}{b}\right) F_{L} - \dfrac{c}{b} F_{R}$ $f_{R} = \left(1 + \dfrac{c}{b}\right) f_{R} + \dfrac{a}{b} F_{L}$ $f_{L} = \left(1 + \dfrac{a}{b}\right) F_{L} + \dfrac{c}{b} F_{R}$ $f_{R} = \left(1 - \dfrac{c}{b}\right) F_{R} - \dfrac{a}{b} F_{L}$ $f_{L} = \left(1 - \dfrac{a}{b}\right) F_{L} + \dfrac{c}{b} F_{R}$ $f_{R} = \left(1 - \dfrac{c}{b}\right) F_{R} + \dfrac{a}{b} F_{L}$

3. 电测系统

电测箱面板如图 1.7-3 所示，有 6 个显示区，在测量状态下，各显示区显示测量结果，在其他状态下，显示输入数据、系统状态、特殊测量值等信号。显示区数值的含义由该区内左侧发亮的符号决定。

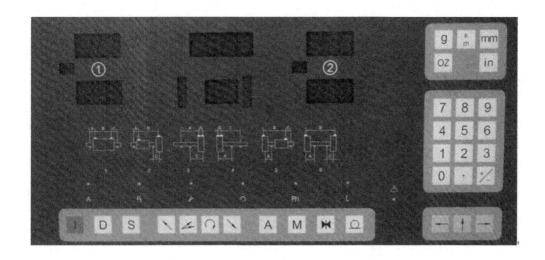

图 1.7-3　CAB630 电测箱

五、实验方法和步骤

（1）整机做好清洁工作，特别是转子轴颈，左、右支承架轴瓦等重要部位，加少许清洁机油。

（2）转子放在左、右支承架上（注意安装转子时一定要避免转子与支架碰撞）。按照转子支承点间距、转子的轴颈尺寸及转子的水平自由状态，调节好两支架高度及相对位置并且紧固。

（3）调节限位支架的位置，防止转子轴向移动甚至窜动。

（4）参照使用说明书，按转子质量、转子外径、初始不平衡量及拖动功率选择平衡转速。

（5）检查电测箱与电控箱、光电头、传感器、电动机、电源等连线是否按电路规定正确连接。

（6）接通电源，严格按电测箱所给定程序进行操作，把转子在平衡机上的支承方式和 a、b、c、r_1、r_2 的实际尺寸，不平衡量轻、重显示等要素输入电测箱。

（7）启动电机，测量转子不平衡量的大小和相位角度。

（8）按下停止按钮，依据所显示的数值，在两校正平面上安装平衡配重（注意：平衡配重必须拧紧），并记录相关数值。

（9）启动电机，重复步骤（7）、（8），对转子进行平衡校正，直到达到平衡要求（最小可达剩余不平衡度 $e_{max} \leqslant 1$ g·mm/kg 或转子不平衡量的大小显示小于 10 克，）为止，记录每一步数据。

（10）关闭电源，拆除平衡配重，结束实验。

实 验 报 告

姓名		学号		班级	
组别		实验日期		成绩	

一、实验目的

（1）巩固转子动平衡的理论知识。

（2）了解动平衡机的基本工作原理和进行转子动平衡的方法。

二、实验设备和工具

（1）YYQ—5 型硬支承动平衡机。

（2）试验转子、称重天平、橡皮泥、游标卡尺、润滑油。

三、实验数据

1. 实验条件

动平衡机型号：_____；

转子重量：_____N；

平衡转速：_____r/min；

左校正平面至左支承轴承间的距离 a：_____mm；

右校正平面至右支承轴承间的距离 c：_____mm；

左、右校正平面之间的距离 b：_____mm；

左校正平面的校正半径 r_1：_____mm；

右校正平面的校正半径 r_2：_____mm；

旋转角速度 ω：_____mm。

2. 实验数据

	第一次测试	第二次测试	第三次测试	第四次测试	第五次测试
左面不平衡质量					
左面不平衡相位					
左面剩余不平衡质量					
	第一次测试	第二次测试	第三次测试	第四次测试	第五次测试
右面不平衡质量					
右面不平衡相位					
右面剩余不平衡质量					

四、思考题

(1) 刚性回转构件的不平衡有什么危害？

(2) 动平衡实验法适用于哪类试件？

(3) 硬支承动平衡机的工作原理是什么？

(4) 为什么要在两个平衡平面内加平衡质量？

(5) 实验中，根据所测量数据，在平衡面上进行配重后，可以观察到什么现象？在什么情况下可以认为已经达到动平衡的目的？

(6) 试分析比较软支承动平衡机与硬支承动平衡机在平衡原理上的区别。

五、简单结论与分析

第二章 机械设计实验

实验一　机械设计认知实验

一、实验目的

（1）了解通用零部件的结构、类型、特点及应用。

（2）了解各种常用传动及密封装置的特点及应用，增强感性认识。

（3）通过对通用零部件和常用传动及密封装置的认识，建立现代机械设计的意识。

二、实验设备

机械设计陈列柜共 10 柜，其陈列内容见表 2.1-1。

表 2.1-1　机械设计陈列柜柜名及内容

序号	柜　名	内　容
1	螺纹连接的应用与设计	螺纹的类型与应用、螺纹连接的基本类型与防松、标准连接件、提高螺栓连接强度的措施
2	键连接，花键连接，无键连接，销、铆、焊、胶接	键连接、花键连接、无键连接、销连接、铆接、焊接、胶接
3	带传动	带传动的类型、带轮结构、带的张紧装置
4	链传动	链传动的组成、链传动的运动特性、链条类型、链轮结构、链传动的张紧装置
5	齿轮传动	齿轮传动的基本类型、轮齿的失效形式、齿轮传动的受力分析、齿轮的结构
6	蜗杆传动	蜗杆传动的类型、蜗杆结构、蜗轮结构、蜗轮蜗杆传动的受力分析
7	滑动轴承与润滑密封	推力滑动轴承、轴瓦结构、向心滑动轴承、润滑用油杯、密封方式、标准密封件
8	滚动轴承与轴承装置设计	滚动轴承主要类型、直径系列与宽度系列、轴承装置典型结构
9	轴的分析与设计	轴的类型、轴上零件定位、轴的结构设计
10	联轴器与离合器	刚性联轴器、弹性联轴器、离合器

三、实验内容

全套陈列柜共 10 个柜，系统地展示连接、机械传动和轴系部件等通用零件的基本类型、结构特点及有关设计知识，目的在于增强学生的感性认识，培养大家的机械设计能力。要求学生按陈列顺序参观，仔细听取讲解。

1. 螺纹连接的应用与设计

螺纹连接应用广泛，常用的螺纹类型包含两大类，第一大类是坚固螺纹，第二大类是传动螺纹。

常见的是作为紧固用的螺纹连接，这是一种可拆连接，即多次装拆而无损其使用性能。

螺纹连接还可用于传递运动和动力，称为螺旋传动。如在进给装置模型中，当电动机驱动螺杆旋转时，旋合螺母带着进给滑台作直线运动。螺旋起重器模型用于顶起重物，它也是螺旋传动的典型实例。

用于紧固和传动的螺纹有多种类型。紧固用的有普通螺纹、圆柱管螺纹、圆锥管螺纹和圆锥螺纹，它们的牙型为三角形；传动用的有矩形螺纹、梯形螺纹和锯齿形螺纹。在上述螺纹中，除矩形螺纹外，其余都已标准化。

螺纹连接有四种基本类型：螺栓连接、双头螺柱连接、螺钉连接和紧定螺钉连接。在螺栓连接中，有普通螺栓连接与铰制孔用螺栓连接之分。普通螺栓连接的结构特点是螺栓杆与被连接件上的通孔之间有间隙；而铰制孔用螺栓连接的螺栓杆与通孔间采用基孔制过渡配合。因此，工作时两者的传力原理是不同的，普通螺栓连接靠摩擦传力，螺栓受拉；铰制孔用螺栓连接靠螺栓杆的剪切与挤压传力，螺栓杆受剪切和挤压。

螺纹连接的连接件种类很多，常见的有螺栓、双头螺柱、螺钉、螺母和垫圈等。它们的结构形式和尺寸都已标准化，设计时按标准件选用。

螺纹连接应用时需要考虑防松，即防止螺旋副相对转动。主要的防松方法有两种：摩擦防松和机械元件防松。对顶螺母、弹簧垫圈和自锁螺母属于摩擦防松的结构形式；开口销与开槽螺母、止动垫圈和串联钢丝则属于机械防松的结构形式。

为提高螺栓连接的强度，可采用多种办法，如降低影响螺栓疲劳强度的应力幅、改善螺纹牙上载荷分布不均的现象、避免附加弯曲应力等。腰状杆螺栓、空心螺栓能减小螺栓刚度，从而降低影响螺栓疲劳强度的应力幅；具有均载结构的悬置螺母，能使螺母受拉伸，减小螺栓和螺母的螺距变化差，有利于改善螺纹牙上载荷分布不均的现象；球面垫圈、腰环螺栓，具有减小附加弯曲应力的效果。

2. 键连接，花键连接，无键连接，销、铆、焊、胶接

键是一种标准零件，通常用于实现轴与轮毂之间的周向固定，并传递转矩。常用的键连接分为四种形式，即普通平键连接、半圆平键连接、楔键连接和切向键连接，其中平键连接应用最广。

普通平键连接中，键的两侧面为工作面，工作时靠键与键槽侧面的挤压来传递转矩。平键连接具有结构简单、装拆方便、对中性较好等优点，得到广泛应用。但这种键连接不能承受轴向力，因而对轴上的零件不能起到轴向固定的作用。

普通平键按构造形式的不同，有圆头、方头及单圆头三种形式。

半圆键工作时也是靠其侧面与键槽侧面的挤压来传递转矩。半圆键连接一般只适用于轻载连接。

楔键工作时靠键的楔紧作用来传递转矩，同时它还可承受单向的轴向载荷，对轮毂起到单向的轴向定位作用。楔键连接适用于低速、轻载和对传动精度要求不高的场合。

切向键由一对斜度为 1:100 的楔键组成，工作时靠工作面上的挤压力和轴与轮毂间的摩擦力来传递转矩。由于切向键的键槽对轴的削弱较大，因此这种键常用于直径大于 100 mm 的轴上。

花键由外花键和内花键组成，按其齿形的不同可分为矩形花键、渐开线花键和三角形花键三种。花键连接是平键连接在数目上的发展，由于结构形式和制造工艺的不同，与平键连接相比，花键连接在强度、工艺和使用方面具有新的优点，如连接受力较为均匀、可承受较大载荷、轴上零件与轴的对中性好、用于动连接时的导向性较好、可用研磨的方法提高加工精度及连接质量。花键连接的缺点是：齿根仍有应力集中，有时需用专门设备加工，成本较高。

凡是轴与毂的连接不用键、花键或销时，统称为无键连接。型面连接和弹性环连接就是无键连接的实例。无键连接减小了应力集中，所以能传递较大的转矩，但加工比较复杂。

下面介绍销连接。销按功能分为三种：用来固定零件之间相对位置的叫定位销；用于轴与毂连接以传递转矩的叫连接销；作为安全装置中的过载剪断元件的称为安全销。销按形状可分为圆柱销、圆锥销、开口销及特殊形状的销等，其中圆柱销、圆锥销及开口销均有国家标准。

铆接是一种不可拆的机械连接，它主要由铆钉和被连接件组成。这些基本元件在构造物上所形成的连接部分统称为铆接缝，简称铆缝。铆缝的结构形式有很多，如搭接缝、单盖板对接缝和双盖板对接缝。铆接具有工艺设备简单、抗振、耐冲击和牢固可靠等优点，但结构一般较笨重，被铆件上的铆钉孔会被削弱强度，工作时噪声较大。因此，目前除了在桥梁、建筑、造船等工业部门仍常采用这种连接方式外，铆接的应用逐渐减少，并被焊接、胶接所替代。

焊接是通过被焊接部位的金属局部熔化，同时机械加压而形成的不可拆连接。在机械制造业中，常用的焊接方法有电焊、气焊与电渣焊，其中以电焊应用最广。焊接后焊件形成的接缝叫做焊缝。电弧焊缝的常见形式有：正接角焊缝、搭接角焊缝、对接焊缝和塞焊缝。角焊缝用于连接位于同一平面内的被焊件；塞焊缝用于受力较小和避免增大质量时的场合。

胶接是利用胶粘剂在一定条件下把预制的元件连接在一起，并具有一定的连接强度的连接方式。采用胶接时，要正确选择胶粘剂和设计胶接头。几种典型的胶接接头形式有：板件接头、圆柱形接头、锥形接头和角接头等。

3. 带传动

带传动是一种常见的机械传动，用来传递运动和动力，是机械传动中不可缺少的一部分。

带传动有平带传动、V带传动和同步带传动等类型。

平带传动中，平带的横剖面为矩形，它被事先张紧在主、从动轮上，工作时靠带与带轮之间的摩擦力传递运动和力。

V带传动中，V带的横剖面呈等腰梯形，带轮上有相应的轮槽。传动时，V带和轮槽的两侧面接触，即以两侧面为工作面。根据槽面摩擦原理，在同样的张紧力下，V带传动较平带传动能产生更大的摩擦力。这是V带传动最主要的优点。再加上V带传动允许的传动比较大，结构较紧凑，且V带多已标准化并大量生产等优点，使得V带传动的应用比平带传动广泛得多。

V带有多种类型。一种是标准普通V带，它被制成无接头环形，根据截面尺寸大小分为多种型号。在传动中心距不能调整的场合，可以使用接头V带。还有一种是多楔带，它兼有平带和V带的优点，主要用于传递较大功率而要求结构紧凑的场合。

V带轮结构有实心式、腹板式、孔板式和轮辐式等常见形式。选择什么样的结构形式，主要取决于带轮的直径大小。带轮的轮槽尺寸根据带的型号确定，其他结构尺寸由经验公式计算确定。

为了防止带的塑性变形引起的松弛，确保带的传动能力，设计时必须考虑张紧问题。常见的几种V带轮张紧装置为：滑道式定期张紧装置、利用电动机自重使带轮绕固定轴摆动的自动张紧装置和采用张紧轮张紧的装置。

同步带传动是一种新型传动。它的特点是带的工作面带齿，相应的带轮也被制出齿形。工作时，带的凸齿与带轮外缘上的齿槽进行啮合传动。同步带传动的突出优点是：无滑动、带与轮同步传动、能保证固定的传动比。其主要缺点是安装时中心距要求严格且价格较高。

4. 链传动

链传动是应用较广的一种机械传动，由链条和主动链轮、从动链轮组成，以链做中间挠性件，靠链与链轮轮齿的啮合来传递运动和动力。与带传动相比，链传动没有弹性滑动和打滑，能保持准确的平均传动比，需要的张紧力小，作用在轴上的压力也小，可减少轴承的摩擦损失，结构紧凑，能在高温、有油污、有粉尘和泥沙等的恶劣条件下工作。与齿轮传动相比，链传动的制造和安装精度要求较低，中心距较大，其传动结构简单。链传动的主要缺点是：瞬时链速和瞬时传动比不是常数，因此传动平稳性较差，工作中有一定的冲击和噪声。

在一般机械传动中，常用的是链传动。传动链有套筒滚子链、齿形链等类型。

套筒滚子链简称滚子链，自行车上用的链条就是这种类型。它主要由滚子、套筒、销轴、内链板和外链板组成。滚子链又有单排链、双排链和多排链之分，多排链传递的功率较单排链大。当链节数为偶数时，链条接头处可用开口销或弹簧卡片来固定；当链节数为奇数时，需采用过渡链节来连接链条。

齿形链又称无声链，由一组带有两个齿的链板左右交错并列铰接而成。工作时，齿形链通过链板上的链齿与链轮轮齿相啮合来实现传动。齿形链上设有导板，以防止链条在工作时发生侧向窜动。导板有内导板和外导板两种。内导板的导向性好，工作可靠，适用于高速及重载传动的场合；外导板齿形简单，但其导向性差。

链轮有整体式、孔板式、齿圈焊接式和齿圈用螺栓连接式等结构形式，设计时根据链轮直径大小来选择。滚子链轮的齿形已标准化，可用标准刀具进行加工。

通过多边形效应模型可了解链传动的运动特性。由于链是由刚性链节通过销轴铰接而成，当链绕在链轮上时，其链节与相应的齿轮啮合后，这一段链条将曲折成正多边形的一部分。该正多边形的边长等于链条的节距，边数等于链条齿数。当主动链轮以等角速度转动时，其铰链处的圆周速度的大小是不变的，但它的方向在变化，即与水平线的夹角在变化。沿着链条前进的方向的水平分速度随着销轴的位置变化而周期性地变化，从而导致从动轮的角速度周期性地变化、链传动的瞬时传动比不断变化的特性，叫做运动的不均匀性，又称为链传动的多边形效应。链传动的这一特性，使得它不宜用在速度过高的场合。

链传动中链条的张紧，主要是为了避免链条垂度过大时产生啮合不良和链条振动的现象，同时也是为了增加链条与链轮的啮合包角。当两轮轴心线与水平面的倾斜角大于 $60°$ 时，通常设有张紧装置。张紧方法有很多，如张紧轮自动张紧、张紧轮定期张紧和托板张紧。

5. 齿轮传动

齿轮传动是机械传动中最主要的一类传动。这类传动形式多样，应用广泛，最常用的是直齿圆柱齿轮传动、斜齿圆柱齿轮传动、齿轮齿条传动、直齿圆锥齿轮传动和曲齿圆锥齿轮传动。

齿轮传动的失效主要是轮齿的失效。轮齿常见的失效形式有五种：轮齿折断、齿面磨损、齿面胶合、齿面点蚀和塑性变形。研究轮齿的失效形式主要是为了建立齿轮传动的设计准则。目前一般使用的齿轮传动通常只按保证齿根弯曲疲劳强度准则及保证齿面接触疲劳强度准则来设计。

对于闭式齿轮传动，通常以保证齿面接触疲劳强度为主，但对于齿面硬度很高、齿芯强度又低的齿轮或材质较脆的齿轮，则以保证齿根弯曲疲劳强度为主。

对于开式和半开式齿轮传动，仅以保证齿根弯曲疲劳强度作为设计准则。为了延长齿轮的传动寿命，可视具体需要而将所求得的模数适当增大。

为了进行强度计算，必须对轮齿作受力分析。

首先，对于直齿圆柱齿轮受力分析模型来说，作用在齿面上的法向载荷在节点处分解为两个互相垂直的力，即圆周力和径向力。主动轮上的圆周力与转向相反，从动轮上的圆周力和转向相同。径向力指向轮心。

再来介绍斜齿圆柱齿轮受力分析模型。与直齿轮比较，它多分解出一个力，即轴向力。轴向力的方向取决于齿轮的螺旋线方向及转向。

对于直齿圆锥齿轮的受力分析模型，作用在齿面上的法向载荷分解出相互垂直的圆周力、径向力和轴向力。轴向力的方向总是背离锥顶指向大端。在主、从动轮中，径向力与轴向力成作用力与反作用力的关系，这是它不同于圆柱齿轮的地方。

齿轮的结构有齿轮轴式、实心式、腹板式和轮辐式等形式。

对于直径很小的钢制齿轮，应将齿轮和轴做成一体，即齿轮轴。直径较大时，齿轮与轴应分开制造。当齿顶圆直径不超过 160 mm 时，可以将齿轮做成实心结构；当齿顶圆直径小于 500 mm 时，可做成腹板式结构；当齿顶圆直径为 400～1000 mm 时，可做成轮辐剖面为"十"字形的轮辐式结构。

6. 蜗杆传动

蜗杆传动是用来传递空间相互垂直交错的两轴间的运动和动力的传动机构，它具有传动平稳、传动比大而结构紧凑等优点。

蜗杆传动有圆柱蜗杆传动、环面蜗杆传动和锥蜗杆传动等类型，其中最为常见的是普通圆柱蜗杆传动。

普通圆柱蜗杆传动又称阿基米德蜗杆传动。在通过蜗杆轴线并垂直于蜗轮轴线的中间平面上，蜗杆与蜗轮的啮合关系可以看做是齿条和齿轮的啮合关系。

观察蜗杆传动的受力分析模型可以知道蜗杆传动的受力情况：蜗杆的圆周力与蜗轮的轴向力、蜗杆的径向力和蜗轮的径向力、蜗杆的轴向力与蜗轮的圆周力是三对大小相等、方向相反的力。在确定各力的方向时，首先确定蜗杆所受轴向力的方向，它是由螺旋线的旋向和蜗杆的转向来决定的。

（1）蜗杆的结构。

由于蜗杆螺旋部分的直径不大，所以常把螺旋部分和轴做成一体。蜗杆有两种结构形式，一种是无退刀槽的，加工螺旋部分时只能用铣制的方法；另一种是有退刀槽的，螺旋部分可以用车制或铣制，但这种结构的刚度较前一种差些。当蜗杆螺旋部分的直径较大时，可将蜗杆与轴分开制作。

（2）蜗轮的结构。

常用的蜗轮有多种结构形式，包括齿圈式、螺栓连接式、整体浇铸式和拼铸式等。齿圈式结构的蜗轮由青铜齿圈和铸铁轮芯所组成，用过盈配合连接，并加装有紧定螺钉，以增强连接的可靠性，多用于尺寸不太大或工作温度变化较小的场合；螺栓连接式结构的装拆比较方便，多用于尺寸较大或容易磨损的蜗轮；整体浇铸式结构主要用于铸铁蜗轮或尺寸很小的青铜蜗轮；拼铸式结构是在铸铁轮芯上加铸青铜齿圈，然后切齿，只用于成批制造的蜗轮。

7. 滑动轴承与润滑密封

滑动轴承是滑动摩擦轴承的简称，用来支承转动零件。按其所能承受载荷的方向，滑动轴承可分为径向轴承和止推轴承两大类。

整体式径向滑动轴承由整体轴套和轴承座组成，其结构简单但装拆不太方便，磨损后轴承间隙也无法调整。因而这种轴承多用在间歇性工作和低速轻载的场合。

对开式径向滑动轴承由剖分式轴瓦、轴承座、轴承盖和双头螺栓等组成，装拆比较方便，轴承间隙大小也可以在一定范围内进行调整。轴瓦与轴肩端面接触时，轴承可承受一定的轴向力。

带锥形表面轴套的轴承，通过螺母使轴套沿轴向移动，能调整轴承间的大小。这种轴承常用在一般用途的机床主轴上。

可倾瓦多油楔径向轴承的结构特殊，它能形成多个承载油楔，轴承的轴心稳定性较好。

止推滑动轴承主要由轴承座与止推轴颈组成，用来承受轴向载荷。止推轴承的四种结构包括实心式、单环式、空心式和多环式。采用空心式轴颈可使接触端面上的压力分布较均匀，采用多环式有利于提高承载能力和承受双向轴向载荷。

轴瓦是与轴颈直接接触的零件，是滑动轴承的重要元件。常用的轴瓦有整体式和剖分式两种。整体轴瓦又名轴套，它又分为光滑的和带油槽的两种；剖分式轴瓦用于对开式滑动轴承。为了节约贵重有色金属，可采用双金属轴瓦结构，这种轴瓦的瓦底为一般材料，内表面则采用减摩、耐磨性能好的轴瓦材料。为了将润滑油导入整个摩擦表面，轴瓦上必须开设油孔或油槽。

滑动轴承存在润滑密封的问题。为了在摩擦面间加入润滑剂进行润滑，需要各种润滑装置，常用的是各种油杯，它们适用于分散润滑的场合。

机器密封的两种方式是接触式密封与非接触式密封。接触式密封装置中的密封元件如毡圈、唇形密封圈、密封环、橡胶圈等与轴表面接触，其特点是结构简单但磨损较快、寿命短，适用于速度较低的场合；非接触式密封通过隙缝密封、甩油密封、曲路密封等方式来实现轴承的密封，它适用于速度较高的场合。

8. 滚动轴承与轴承装置设计

滚动轴承是滚动摩擦轴承的简称，是现代机器中广泛应用的部件之一。滚动轴承由内圈、外圈、滚动体和保持架组成。滚动体是形成滚动摩擦的基本元件，它可以制成球状或不同的滚子形状，相应的有球轴承和滚子轴承之分。如果按承载方向将滚动轴承分类，则可分为向心轴承、推力轴承和向心推力轴承三大类。

滚动轴承的类型很多，常用的十类滚动轴承有：深沟球轴承、调心球轴承、圆柱滚子轴承、调心滚子轴承、滚针轴承、螺旋滚子轴承、角接触球轴承、圆锥滚子轴承、推力球轴承和推力调心滚子轴承等。设计时可根据载荷、转速、调心性能要求及其他条件选择轴承的类型。

从轴承直径和宽度两方面对比可知，结构相同、内径相同的轴承在外径和宽度上可以变化，从而形成了轴承的直径系列和宽度系列，这有利于设计时的选用。

轴承装置的典型结构。要保证轴承顺利工作，除了正确选择轴承的类型和尺寸外，还应正确设计轴承装置，即解决轴承的安装、配置、紧固、调节、润滑、密封等结构设计问题。以下几种典型结构，可供设计时借鉴。

直齿轮轴承部件采用深沟球轴承和凸缘式轴承盖。两轴承内圈用轴肩定位，外圈靠轴承盖作轴向固定，属于两端固定的支承方式。轴承的外圈与轴承盖间留有间隙，以便轴承受热后自由伸长。间隙大小通过轴承盖与箱体结合处的垫片调整。轴承透盖处采用接触式密封。轴承用油润滑。

斜齿轮轴承部件采用角接触球轴承和嵌入式轴承盖，也是两端固定的支承方式。轴承外圈与轴承盖间的调整环用来调节轴向间隙。轴承采用脂润滑，两内侧设有挡油盘。透盖处采用接触式密封方式。

人字齿轮轴承部件采用外圈无挡边的圆柱滚子轴承，靠轴承的内外圈作双向的轴向固定，工作时轴可以少量地作双向轴向移动以实现自动调节，属于两端游动的支承方式。透盖处采用非接触式的迷宫槽密封。

蜗杆轴承部件的一端采用一对角接触球轴承，能承受双向轴向力，也能承受径向力，且构成固定端。另一端采用深沟球轴承，为游动端。这种结构适用于轴承跨距较大且工作温度较高的场合。轴承透盖处采用组合式密封。

圆锥齿轮轴承部件采用圆锥滚子轴承、套杯和凸缘式轴承盖。轴承的安装形式分为正安装和反安装两种。套杯内外两组垫片可分别用来调整齿轮的啮合位置和轴承的间隙。分析两种结构，我们可以发现反安装的轴承压力中心的距离较大，悬臂较短，支承刚性较好。

9. 轴的分析与设计

轴是组成机器的主要零件之一，一切作回转运动的转动零件如齿轮、蜗轮等，都必须安装在轴上才能实现运动及动力的传递。

轴的种类较多，常见的有光轴、阶梯轴、空心轴、曲轴及钢丝软轴。按承受载荷性质的不同，轴可分为心轴、转轴和传动轴。心轴只承受弯矩；转轴既承受弯矩又承受扭矩；传动轴则主要承受扭矩。

设计轴的结构时，必须考虑轴上零件的定位。

常用的定位方法之一：轴上齿轮靠轴肩作轴向定位，用套筒压紧；滚动轴承靠套筒定位，用圆螺母压紧。齿轮用键作周向定位。

常用的定位方法之二：轴上零件用紧定螺钉定位和固定。这种定位方法适用于轴上轴向力不大之处。

常用的定位方法之三：轴上零件利用弹性挡圈定位。这种定位方法同样只适用于轴上轴向力不大之处。

常用的定位方法之四：轴上零件利用圆锥形轴端定位，用螺母压板压紧。这种方法只适用于轴端零件的固定。

轴的结构设计，就是设计出轴的合理外形和全部结构尺寸，这里以圆柱齿轮减速器中输出轴的结构设计为例，介绍轴的结构设计过程。

设计的第一步要确定齿轮、箱体内壁、轴承、联轴器等的相对位置，并根据轴所传递的转矩和扭转强度初步计算出轴的直径，此轴径可作为安装联轴器处的最小直径。

设计的第二步是确定各轴段的直径和长度。设计时以最小直径为基础，逐步确定安装轴承、齿轮处的轴段直径。各轴段的长度根据轴上零件宽度及相对位置确定。经过这一步，阶梯轴初具形态。

设计的第三步是解决轴上零件的固定，确定轴的全部结构形状和尺寸。从模型可见，齿轮靠轴环的轴肩作轴向定位，用套筒压紧。齿轮用键进行周向定位。联轴器处设计出定位轴肩，采用轴端压板紧固，用键作周向定位。各定位轴肩的高度根据结构需要确定，尤其要注意滚动轴承处的定位轴肩，其高度不应超过轴承内圈，以便于轴承拆卸。为减少轴在剖面突变处的应力集中，应设计有过渡圆角。过渡圆角半径必须小于与之相配的零件的倒角尺寸或圆角半径，以使零件得到可靠的定位。为便于安装，轴端应设计倒角。轴上的两个键槽应设计在同一直线上，以便于加工。

对于不同的装配方案，可以得出不同的轴的结构形式。

10. 联轴器与离合器

联轴器和离合器都是用来连接轴与轴，以传递运动与转矩的常用部件。

根据联轴器对两轴间各种相对位移有无补偿能力，可将其划分为刚性联轴器与弹性联轴器两大类。刚性联轴器中的凸缘联轴器是把两个带有凸缘的半联轴器用键分别与两轴连接，然后用螺栓把两个半联轴器连成一体，便可传递运动和转矩。由于凸缘联轴器属于固定式刚性联轴器，对所连两轴间的相对位移缺乏补偿能力，故它对两轴的对中性要求很高。

除凸缘联轴器外，还有十字滑块联轴器、齿式联轴器和十字轴式万向联轴器。这些联轴器的共同点是具有可移性，能补偿两轴间的偏移，属于无弹性元件的挠性联轴器。

含弹性元件的挠性联轴器有弹性套柱销联轴器、弹性柱销联轴器、轮胎式联轴器和梅花形弹性联轴器，其共同点是装有弹性元件，不仅能缓冲减振，而且还具有一定的补偿两轴偏移的能力。

上述各种联轴器已标准化或规格化，设计时可根据机器的工作特点及要求，结合各种联轴器的性能选择合适的类型和型号。

离合器与联轴器的区别在于它能在机器运转时将传动系统随时分离或接合。常见的几种离合器有牙嵌离合器、单盘摩擦离合器、多盘摩擦离合器、滚柱式定向离合器。

牙嵌离合器由两个半离合器组成，其中一个固定在主动轴上，另一个用导向键或花键与从动轴连接，并可由操纵机构使其作轴向移动，以实现离合器的分离与接合。这种离合器一般用于转矩不大，低速接合处。

　　单盘摩擦离合器与多盘摩擦离合器都是在主动摩擦盘转动时，由主、从动盘的接触面间产生的摩擦力矩来传递转矩的。与牙嵌离合器相比，摩擦离合器不论在任何速度下都可以离合，接合过程平稳，冲击振动较小，过载时可以打滑，但其外廓尺寸较大，摩擦的发热量较大，磨损也较大。

　　滚柱式定向离合器属于特殊功能的离合器类型，由爪轮、套筒、滚柱、弹簧顶杆等组成。当爪轮为主动轮并作顺时针回转时，离合器进入接合状态；当爪轮反向回转时，离合器处于分离状态。因而滚柱式定向离合器只能传递单向的转矩。如果套筒随爪轮旋转的同时又获得旋向相同但转速较大的运动时，离合器将处于分离状态，因为当从动件的角速度超过主动件时，从动件不能带动主动件回转，所以又称其为超越离合器。

实 验 报 告

姓名		学号		班级	
组别		实验日期		成绩	

一、实验目的

(1) 了解各种常用零件的结构、类型、特点及应用。

(2) 了解各种常用传动及密封装置的特点及应用，增强感性认识。

(3) 通过对通用零部件和常用传动的认识，建立现代机械设计的意识。

二、实验设备

本实验的实验设备是机械设计陈列柜。

三、思考题

(1) 什么是通用零件？什么是专用零件？试各举一个实例。

(2) 螺纹的类型有哪些？各用在何处？

(3) 螺栓、螺钉和双头螺柱在应用上有何不同？

(4) 为何要将螺栓做成中空或腰杆状？均载螺母与普通螺母在结构上有何不同？

(5) 配合螺栓连接与普通螺栓连接的结构特点是什么？

(6) 试列举带传动、链传动、联轴器和离合器的应用实例各一个。

(7) 普通 V 带传动一般应放在高速级还是低速级？为什么？

(8) 链传动一般应放在高速级还是低速级？为什么？有何特点？

(9) 根据工作时的摩擦性质，轴承分为哪几种？

(10) 滑动轴承轴瓦结构有何要求？

(11) 联轴器有哪些类型？各有何特点？它与离合器有何区别？

(12) 按承载情况，轴分为哪几种？

(13) 轴在加工螺纹和磨削过程中，应注意什么工艺设计？

四、实验心得

实验二　螺栓组连接特性实验

一、实验目的

1. 螺栓组实验

（1）了解托架螺栓组受翻转力矩引起的载荷对各螺栓拉力分布情况的影响。

（2）根据拉力分布情况确定托架底板旋转轴线的位置。

（3）将实验结果与螺栓组受力分布的理论计算结果相比较。

2. 单个螺栓静载实验

了解受预紧轴向载荷螺栓连接中，零件相对刚度的变化对螺栓所受总拉力的影响。

3. 单个螺栓动载荷实验

通过改变螺栓连接中零件的相对刚度，观察螺栓中动态应力幅值的变化。

二、实验设备

本实验的实验设备是 LSC-Ⅱ 螺栓组及单螺栓连接综合实验台。

1. 螺栓组实验台的结构与工作原理

螺栓组实验台的结构如图 2.2-1 所示。图中 1 为托架，在实际使用中多为水平放置，为了避免由于自重产生力矩的影响，在本实验台上设计为垂直放置。托架以一组螺栓 3 连接于支架 2 上。加力杠杆组 4 包含两组杠杆，其臂长比均为 1∶10，则总杠杆比为 1∶100，可使加载砝码 6 产生的力放大 100 倍后压在托架支承点上。螺栓组的受力与应变转换为粘贴在各螺栓中部的应变片 8 的伸长量，用应变仪来测量。两片应变片在螺栓上相隔 180°粘贴，输出串接，以补偿螺栓受力弯曲引起的测量误差。引线由孔 7 中接出。

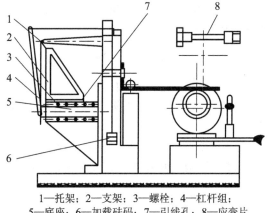

1—托架；2—支架；3—螺栓；4—杠杆组；
5—底座；6—加载砝码；7—引线孔；8—应变片

图 2.2-1　螺栓组实验台

如图 2.2-2 所示，加载后，托架螺栓组受到一横向力及力矩，与接合面上的摩擦阻力相平衡。而力矩使托架有翻转趋势，使得各个螺栓受到大小不等的外界作用力。根据螺栓变形协调条件，各螺栓所受拉力 F（或拉伸变形）与其中心线到托架底板翻转轴线的距离 L 成正比。即

$$\frac{F_1}{L_1} = \frac{F_2}{L_2} \tag{2.2-1}$$

式中，F_1，F_2 为安装螺栓处由于托架所受力矩而引起的力（N）；L_1，L_2 为从托架翻转轴线到相应螺栓中心线间的距离（mm）。

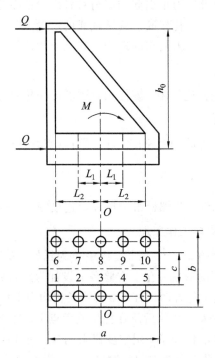

图 2.2-2　螺栓组的布置

本实验台中第 2、4、7、9 号螺栓下标为 1；第 1、5、6、10 号螺栓下标为 2；第 3、8 号螺栓到托架翻转轴线的距离为零。根据静力平衡条件得：

$$M = Qh_0 = \sum_{i=1}^{i=10} F_i L_i \tag{2.2-2}$$

$$M = Qh_0 = 2 \times 2F_1 L_1 + 2 \times 2F_2 L_2 \tag{2.2-3}$$

式中，Q 为托架受力点所受的力（N）；h_0 为托架受力点到接合面的距离（见图 2.2-2）（mm）。

本实验中取 $Q=3500$ N；$h_0=210$ mm；$L_1=30$ mm；$n_1=60$ mm。

把式（2.2-1）代入式（2.2-3）中，则第 2、4、7、9 号螺栓的工作载荷

$$F_1 = \frac{Qh_0 L_1}{2 \times 2(L_1^2 + L_2^2)} \tag{2.2-4}$$

第 1、5、6、10 号螺栓的工作载荷

$$F_2 = \frac{Qh_0 L_2}{2 \times 2(L_1^2 + L_2^2)} \tag{2.2-5}$$

2. 螺栓预紧力的确定

本实验是在加载后不允许连接接合面分开的情况下来预紧和加载的。在预紧力的作用下，连接接合面产生的挤压应力

$$\sigma_P = \frac{ZQ_0}{A} \qquad\qquad (2.2-6)$$

悬臂梁在载荷力 Q 的作用下，若要使接合面不出现间隙，则应满足

$$\frac{ZQ_0}{A} - \frac{Qh_0}{W} \geqslant 0 \qquad\qquad (2.2-7)$$

式中，Q_0 为单个螺栓预紧力（N）；Z 为螺栓个数，$Z=10$；A 为接合面面积，$A=a(b-c)$（mm^2）；W 为接合面抗弯截面模量，其计算公式如下：

$$W = \frac{a^2(b-c)}{6} \qquad\qquad (2.2-8)$$

本实验中取 $a=160$ mm；$b=105$ mm；$c=55$ mm。

由式（2.2-6）、式（2.2-7）、式（2.2-8）可知：

$$Q_0 \geqslant \frac{6Qh_0}{Za} \qquad\qquad (2.2-9)$$

为保证一定的安全性，取螺栓预紧力

$$Q_0 = (1.25 \sim 1.5)\frac{6Qh_0}{Za} \qquad\qquad (2.2-10)$$

下面我们再分析螺栓的总拉力。

在翻转轴线以左的各螺栓（1、2、6、7 号螺栓）被拉紧，轴向拉力增大，其总拉力为

$$Q_i = Q_0 + F_i\frac{C_L}{C_L + C_F} \qquad\qquad (2.2-11)$$

或

$$F_i = Q_i - Q_0\frac{C_L + C_F}{C_L} \qquad\qquad (2.2-12)$$

在翻转轴线以右的各螺栓（4、5、9、10 号螺栓）被放松，轴向拉力减小，总拉力为

$$Q_i = Q_0 - F_i\frac{C_L}{C_L + C_F} \qquad\qquad (2.2-13)$$

或

$$F_i = (Q_0 - Q_i)\frac{C_L + C_F}{C_L} \qquad\qquad (2.2-14)$$

式中，$\dfrac{C_L}{C_L + C_F}$ 为螺栓的相对刚度；C_L 为螺栓刚度；C_F 为被连接件刚度。

螺栓上所受到的力是通过测量应变值而计算得到的。已知虎克定律：

$$\varepsilon = \frac{\sigma}{E} \qquad\qquad (2.2-15)$$

式中，ε 为变量；σ 为应力（MPa）；E 为材料的弹性模量，对于钢材，取 $E = 2.06 \times$

10^6 MPa。

螺栓预紧后的应变量为

$$\varepsilon_0 = \frac{\sigma_0}{E} = \frac{4Q_0}{E\pi d^2} \qquad (2.2-16)$$

则由式(2.2-15)可得,螺栓受载后总应变量

$$\varepsilon_i = \frac{\sigma_i}{E} = \frac{4Q_i}{E\pi d^2} \qquad (2.2-17)$$

或

$$Q_i = \frac{E\pi d^2}{4}\varepsilon_i = K\varepsilon_i \qquad (2.2-18)$$

式中,d 为被测处的螺栓直径(mm);K 为系数,$K = \dfrac{E\pi d^2}{4}$ (N)。

因此,可得到在翻转轴线以左的各螺栓(1、2、6、7号螺栓)的工作拉力

$$F_i = K\frac{C_L + C_F}{C_L}(\varepsilon_i - \varepsilon_0) \qquad (2.2-19)$$

在翻转轴线以右的各螺栓(4、5、9、10号螺栓)的工作拉力

$$F_i = K\frac{C_L + C_F}{C_L}(\varepsilon_0 - \varepsilon_i) \qquad (2.2-20)$$

3. 单螺栓连接实验台的结构及工作原理

单螺栓连接实验台部件的结构如图2.2-3所示。旋动调整螺帽1,通过支持螺杆2与加载杠杆8,可使吊耳3受拉力载荷,吊耳3下有垫片4,改变垫片材料可以得到螺栓连接的不同相对刚度。吊耳3通过被测单螺栓5、紧固螺母6与机座7相连接。小电机9的轴上装有偏心轮10,当电机轴旋转时由于偏心轮转动,通过杠杆使得吊耳和被测单螺栓上产生一个动态拉力。吊耳3与被测单螺栓5上都贴有应变片,用于测量其应变的大小。变应力

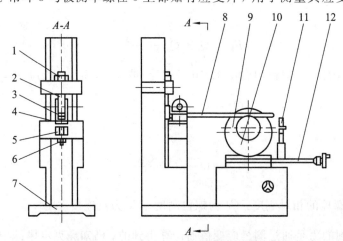

1—螺帽;2—螺杆;3—吊耳;4—垫片;5—被测单螺栓;6—紧固螺母;7—机座;
8—加载杠杆;9—小电机;10—偏心轮;11—预紧或加载手轮;12—变应力幅值调节手轮

图 2.2-3 单个螺栓实验台

幅值调节手轮 12 可以改变小溜板的位置，从而改变动拉力的幅值。

三、实验方法及步骤

1. 螺栓组实验

（1）在实验台螺栓组各螺栓不加任何预紧力的状态下，将各螺栓对应的半桥电路引线（1～10 号线）按要求接入所选用的应变仪相应接口中，根据应变仪使用说明书进行预热（一般为三分钟）并调平衡。

（2）由式（2.2-10）计算出每个螺栓所需的预紧力 Q_0，并由式（2.2-16）计算出螺栓的预紧应变量 ε_0，并将结果填入表 2.2-1 中。

（3）按式（2.2-4）、（2.2-5）计算每个螺栓的工作拉力 F_i，将结果填入表 2.2-1 中。

（4）逐个拧紧螺栓组中的螺母，使每个螺栓的预紧应变量约为 ε_0。各螺栓应交叉预紧，为使每个螺栓的预紧力尽可能一致，应反复调整 2～3 次。

（5）对螺栓组连接进行加载，加载力为 3500 N，其中砝码连同挂钩的重量为 3.754 kg。停歇 2 分钟后卸去载荷，然后再加上载荷，在应变仪上读出每个螺栓的应变量 ε_i，填入表 2.2-2 中，反复做 3 次，取 3 次测量值的平均值作为实验结果。

（6）画出实测的螺栓应力分布图。

（7）用机械设计中的计算理论计算以上各测量值，绘出螺栓组连接的应变图，并与实验结果进行对比分析。

2. 单个螺栓静载实验

（1）旋转调节手轮 12 的摇手，移动小溜板至最外侧位置。

（2）如图 2.2-3，旋转紧固螺母 6，预紧被测螺栓 5，预紧应变为 $\varepsilon_0 = 500\ \mu\varepsilon$。

（3）旋动调整螺帽 1，使吊耳 3 上的应变片（12 号线）产生 $\varepsilon = 50\ \mu\varepsilon$ 的恒定应变。

（4）换用不同弹性模量的材料的垫片，重复上述步骤，将螺栓总应变 ε_i 记录在表 2.2-3 中。

（5）用下式计算相对刚度 C_e，并作不同垫片实验结果的比较分析。

$$C_e = \frac{\varepsilon_0 - \varepsilon_i}{\varepsilon} \times \frac{A'}{A}$$

式中，A 为吊耳测应变的截面面积，本实验中 A 为 224 mm^2；A' 为试验螺杆测应变的截面面积，本实验中 A' 为 50.3 mm^2。

3. 单个螺栓动载荷实验

（1）安装吊耳下的钢制垫片。

（2）将被测螺栓 5 加上预紧力，预紧应变仍为 $\varepsilon_0 = 500\mu\varepsilon$（可通过 11 号线测量）。

（3）将加载偏心轮转到最低点，并调节调整螺母 1，使吊耳应变量 $\varepsilon = 5\sim10\mu\varepsilon$（通过 12 号线测量）。

（4）开动小电机，驱动加载偏心轮。

（5）从波形线上分别读出螺栓的应力幅值和动载荷幅值，将结果填入表 2.2-4 中。

（6）换上环氧垫片，移动电机位置以改变被连接件的刚度，调节动载荷大小，使动载荷幅值与使用钢垫片时相一致。

（7）估计地读出此时的螺栓应力幅值，将结果填入表 2.2 - 4 中。

（8）作不同垫片下螺栓应力幅值与动载荷幅值关系的对比分析。

（9）松开各部分，卸去所有载荷。

（10）校验电阻应变仪的复零性。

实 验 报 告

姓名		学号		班级	
组别		实验日期		成绩	

一、实验目的

1. 螺栓组实验

（1）了解托架螺栓组受翻转力矩引起的载荷对各螺栓拉力分布情况的影响。

（2）根据拉力分布情况确定托架底板旋转轴线的位置。

（3）将实验结果与螺栓组受力分布的理论计算结果相比较。

2. 单个螺栓静载实验

了解受预紧轴向载荷螺栓连接中，零件相对刚度的变化对螺栓所受总拉力的影响。

3. 单个螺栓动载荷实验

通过改变螺栓连接中零件的相对刚度，观察螺栓中动态应力幅值的变化。

二、实验设备

本实验的实验设备是 LSC-Ⅱ螺栓组及单螺栓连接综合实验台。

三、实验数据

（一）螺栓组实验

1. 螺栓组实验数据

表 2.2-1　计算法测定螺栓上的力

项目 ＼ 螺栓号数	1	2	3	4	5	6	7	8	9	10
螺栓预紧力 Q_0										
螺栓预紧应变量 $\varepsilon_0 \times 10^{-6}$										
螺栓工作拉力 F_i										

表 2.2-2　实验法测定螺栓上的力

项目 ＼ 螺栓号数		1	2	3	4	5	6	7	8	9	10
螺栓总应变量	第一次测量										
	第二次测量										
	第三次测量										
	平均数										
由换算得到的工作拉力 F_i											

2. 绘制实测螺栓应力分布图

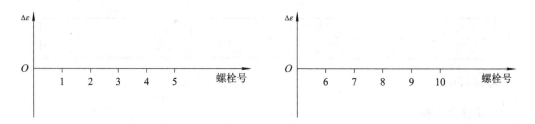

图 2.2-4　实测螺栓应力分布

3. 确定螺栓连接翻转轴线位置

根据实验记录数据,绘出螺栓组工作拉力分布图。确定螺栓连接翻转轴线的位置。

4. 讨论题

(1) 若翻转中心不在 3 号、8 号位置,则说明什么问题?

(2) 被连接件刚度与螺栓刚度的大小对螺栓的动态应力分布有何影响?

(3) 理论计算和实验所得结果之间的误差,是由哪些原因引起的?

(二) 单个螺栓实验

$\varepsilon_i = $ _____ ; ε(吊耳) = _____ 。

表 2.2-3　单个螺栓相对刚度计算

垫片材料	钢片	环氧片	$C_e = \dfrac{\varepsilon_e - \varepsilon_i}{\varepsilon} \times \dfrac{A'}{A}$
ε_e			
相对刚度 C_e			

注:A 为吊耳上测应变片的截面面积(mm^2),$A = 2b\delta$;b 为吊耳截面宽度(mm);δ 为吊耳截面厚度(mm);A' 为试验螺栓测应变截面面积(mm^2),$A' = \pi d^2 / 4$,d 为螺栓直径(mm)。

(三) 单个螺栓动载荷试验

表 2.2-4　单个螺栓动载荷幅值测量

垫片材料		钢片	环氧片
ε_i			
动载荷幅值/mV	第一次测量		
	第二次测量		
螺栓应力幅值/mV	第一次测量		
	第二次测量		

实验三　齿轮传动效率测试实验

一、实验目的

（1）了解封闭功率流式齿轮实验台的基本原理、特点及测定齿轮传动效率的方法。

（2）通过改变载荷，测出不同载荷下的传动效率和功率。输出转矩 T_1 及 $\eta\text{-}T_9$ 曲线。其中 T_1 为轮系输入转矩（电机输出转矩）；T_9 为封闭转矩（载荷转矩）；η 为齿轮传动效率。

二、实验系统

1. 实验系统的组成

如图 2.3-1 所示，实验系统由如下设备组成：

（1）CLS—Ⅱ型齿轮传动实验台；

（2）CLS—Ⅱ型齿轮传动实验仪；

（3）微计算机；

（4）打印机。

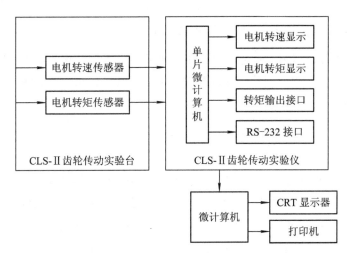

图 2.3-1　实验系统的组成

2. 实验机构的主要技术参数

（1）试验齿轮模数 $m=2$；

（2）齿数 $z_4=z_3=z_2=z_1=38$；

（3）速比 $i=1$；

（4）直流电机额定功率 $P=300$ W；

（5）直流电机转速 $N=0\sim1100$ r/min；

（6）最大封闭转矩 $TB=15$ N·m；

（7）最大封闭功率 $P_B=1.5$ kW。

3. 实验台结构

实验台的结构如图 2.3-2(a)所示，定轴齿轮系、悬挂齿轮箱、扭力轴、双万向联轴器等组成了一个封闭的机械系统。

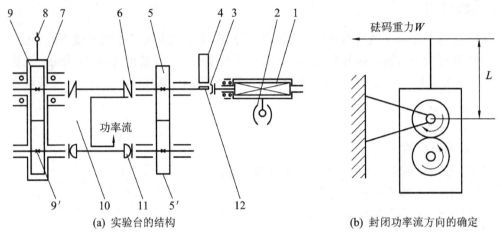

(a) 实验台的结构　　　　　　　　(b) 封闭功率流方向的确定

1—悬挂电机；2—转矩传感器；3—浮动联轴器；4—霍尔传感器；5—定轴齿轮箱；6—刚性联轴器；
7—悬挂齿轮箱；8—砝码；9—悬挂齿轮副；10—扭力轴；11—万向联轴器；12—永久磁铁

图 2.3-2　CLS-Ⅱ型齿轮传动实验台的结构及封闭功率流方向的确定

电机采用外壳悬挂结构，通过浮动联轴器和齿轮相连。与电机悬臂相连的转矩传感器把电机转矩信号送入实验电测箱，可在数码显示器上直接读出。电机转速由霍尔传感器测出，同时送往电测箱中显示。

4. 效率计算

1）封闭功率流方向的确定

由图 2.3-2(b)可知，实验台空载时，悬臂齿轮箱的杠杆通常处于水平位置，当加上一定的载荷之后（通常加载砝码是 0.5 kg 以上），悬臂齿轮箱会产生一定角度的翻转，这时扭力轴将有一个力矩 T_9 作用于齿轮 9（其方向为顺时针），万向联轴器轴也有一个力矩 T_9' 作用于齿轮 9'（其方向也为顺时针，如忽略摩擦，$T_9' = T_9$）。当电机顺时针方向以角速度 ω 转动时，T_9 与 ω 的方向相同，T_9' 与 ω 方向相反，故这时齿轮 9 为主动轮，齿轮 9' 为从动轮，同理齿轮 5' 为主动轮，齿轮 5 为从动轮，封闭功率流方向如图 2.3-2 (a)所示，功率的大小为

$$Pa = \frac{T_9 N_9}{9550} = P_9'(\text{kW})$$

功率的大小取决于加载力矩和扭力轴的转速，而不是电动机。电机提供的仅为封闭传动中的损耗功率，即 $P_1 = P_9 - P_9 \eta_{总}$，故

$$\eta_{总} = \frac{P_9 - P_1}{P_9} \times 100\% = \frac{T_9 - T_1}{T_9} \times 100\%$$

单对齿轮

$$\eta = \sqrt{\frac{T_9 - T_1}{T_9}} \times 100\%$$

η 为总效率，若 $\eta=95\%$，则电机供给的能量值约为封闭功率值的 $1/10$，由此可知，该实验方法是一种节能高效的实验方法。

2）封闭力矩 T_9 的确定

由图 2.3-2(b) 可以看出，当悬挂齿轮箱杠杆加上载荷后，齿轮 9、齿轮 9' 就会产生转矩，其方向都是顺时针，对齿轮 9 中心取矩，得到封闭转矩 T_9（本实验台 T_9 是所加载荷产生转矩的一半），即

$$T_9 = \frac{WL}{2} \ (\text{N} \cdot \text{m})$$

式中，W 为所加砝码重力（N）；L 为加载杠杆长度，$L=0.3$ m。

平均效率（本实验台电机为顺时针）

$$\eta = \sqrt{\eta_{\text{总}}} \times 100\% = \sqrt{\frac{T_9 - T_1}{T_9}} \times 100\% = \sqrt{\frac{\frac{WL}{2} - T_1}{\frac{WL}{2}}} \times 100\%$$

式中，T_1 为电动机输出转矩（电测箱输出转矩显示值）。

5. 齿轮传动实验仪

实验仪正面面板布置及背面面板布置分别如图 2.3-3 和图 2.3-4 所示。

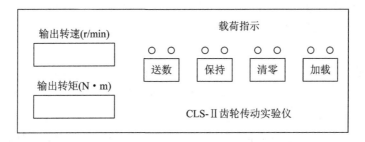

图 2.3-3　面板布置图

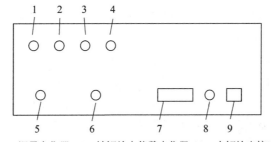

1—调零电位器；2—转矩放大倍数电位器；3—力矩输出接口；
4—接地端子；5—转速输入接口；6—转矩输入接口；
7—RS-232接口；8—电源开关；9—电源插座

图 2.3-4　电测箱后板布置图

如图 2.3-3 所示，实验仪操作部分主要集中在仪器正面的面板上。如图 2.3-4 所示，在实验仪的背面备有微机 RS-232 接口，转矩、转速输入接口等。

实验仪箱体内附设有单片机，承担检测、数据处理、信息记忆、自动数字显示及传送等功能。若通过串行接口与计算机相连，就可由计算机对所采集数据进行自动分析处理，并能显示及打印齿轮传递效率 $\eta - T_9$ 曲线及 $T_1 - T_9$ 曲线和全部相关数据。

三、实验操作步骤

1. 人工记录操作方法

1）系统连接及接通电源

在接通齿轮实验台电源前，应首先将电机调速旋钮逆时针转至最低速——"0"位置，将传感器转矩信号输出线及转速信号输出线分别插入电测箱后板和实验台的相应接口上，然后按电源开关接通电源。打开实验仪后板上的电源开关，并按一下"清零"键，此时，输出转速显示为"0"，输出转矩显示为"．"，实验系统处于"自动校零"状态。校零结束后，转矩显示为"0"。

2）转矩零点及放大倍数调整

（1）零点调整。

在齿轮实验台不转动及空载状态下，将万用表接入电测箱后板力矩输出接口 3（见图 2.3-4 所示）上，电压输出值应在 1～1.5 V 范围内，否则应调整电测箱后板上的调零电位器（若电位器带有锁紧螺母，则应先松开锁紧螺母，调整后再锁紧）。零点调整完成后按一下"清零"键，转矩显示"0"表示调整结束。

（2）放大倍数调整。

"调零"完成后，将实验台上的调速旋钮顺时针慢慢向高速方向旋转，这时电机启动并逐渐增速，同时观察电测箱面板上所显示的转速值。当电机转速达到 1000 r/min 左右时，停止转速调节，此时输出转矩显示值应在 0.6～0.8 N·m 之间（此值为出厂时标定值），否则通过电测箱后板上的转矩放大倍数电位器加以调节。调节电位器时，转速与转矩值的显示有一段滞后时间，一般调节后待显示器数值跳动两次即可达到稳定值。

3）加载

调零及放大倍数调整结束后，为保证加载过程中机构运转比较平稳，降低噪声，建议先将电机转速调低。一般实验转速调到 200～300 r/min 为宜。待实验台处于稳定空载运转后，在砝码吊篮上加上第一个砝码。观察输出转速及转矩值，待显示稳定后，按一下"加载"键，第一个加载指示灯亮，记录下该组数值，表示第一点加载结束。

在吊篮上加上第二个砝码，重复上述操作，直至加上八个砝码，八个加载指示灯亮，转速及转矩显示器分别显示"8888"表示实验结束。

根据所记录下的八组数据便可作出齿轮传动的传动效率 $\eta - T_2$ 曲线及 $T_1 - T_2$ 曲线。

注意：在加载过程中，应始终使电机转速保持在预定转速左右。在记录下各组数据后，应先将电机调速至零，然后再关闭实验台电源。

2. 关于封闭功率流齿轮传动封闭力矩 T_2 的计算公式

1) 一对外啮合齿轮的转矩关系

一对外啮合齿轮如图 2.3-5 所示，T_9' 和 T_9 为外加转矩（作用于轴上）。其正确方向应为图 2.3-5 上所示的方向，因为这是力平衡所必需的。由图 2.3-5 可见：一对外啮合齿轮，其轴上的外加平衡转矩应是同方向的。当轮齿啮合的齿侧面改为另一侧面时，如图 2.3-6 所示，两轴上转矩也改变方向，但结论仍然是两轮上的外加转矩必须是同方向的。

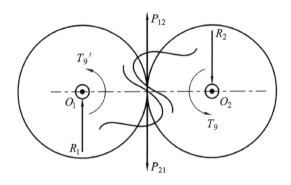

图 2.3-5　外啮合齿轮的转矩关系

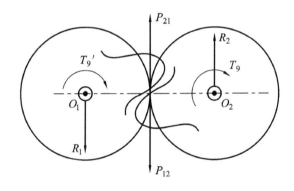

图 2.3-6　外啮合齿轮的转矩关系

当一对定轴外啮合齿轮转动时，其角速度 ω_1、ω_2 的方向肯定是相反的。因此 $T_9'\omega_1$、$T_9\omega_2$ 必然一正一负，这也正是我们一般所理解的一者做正功，另一者做负功。

2) 封闭实验台悬臂挂重的计量关系

如图 2.3-7 所示，取实验台的浮动齿轮箱为独立体，其上除了悬臂挂重 W 以外，两扭轴断割处作用有转矩 T_9' 和 T_9，由于本实验台传动比为 1，故 $T_9' = T_9 = T$。根据独立体的平衡原理，外力对 O_2 取矩，得

$$T_9' + T_9 = 2T = WL$$

$$T = \frac{WL}{2} = T_9$$

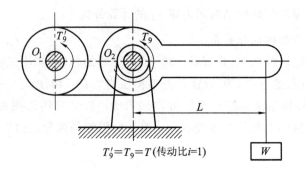

$$T_9' = T_9 = T \text{(传动比} i = 1)$$

图 2.3 - 7　封闭实验台悬臂挂重的计量关系

实 验 报 告

姓名		学号		班级	
组别		实验日期		成绩	

一、实验目的

1. 了解封闭功率流式齿轮实验台的基本原理、特点及测定齿轮传动效率的方法。

2. 通过改变载荷，测出不同载荷下的传动效率和功率。输出转矩 T_1 及 η - T_9 曲线。其中 T_1 为轮系输入转矩(电机输出转矩)，T_9 为封闭转矩(载荷转矩)，η 为齿轮传动效率。

二、实验数据

在下表中填入齿轮传动实验数据及效率值。

序号	电机转速 N	电机输出力矩 /(N·m)	加载力矩 /(N·m)	力臂长度 /m	齿轮效率 $\eta(\%)$	备 注
1						
2						
3						
4						
5						
6						
7						
8						

实验四　闭式带传动实验

一、实验目的

（1）掌握胶带传动的实验原理，熟悉实验台的结构。

（2）观察胶带在传动中的弹性滑动和打滑现象。

（3）观察初拉力对胶带传动能力的影响。

（4）了解闭式带传动的原理并理解闭式带传动的加载方法。

（5）计算滑差率 ε 及效率 η，画出滑动曲线及效率曲线。

二、实验台的结构及工作原理

图 2.4－1 为封闭功率实验台的运动简图，图 2.4－2 是闭式传动的原理图。在实验中，当 $D_1'=D_2'=D_1=D_2$ 时（D_1、D_1'、D_2、D_2' 分别为轮 D_1、D_1'、D_2、D_2' 的直径），轴 Ⅰ 和轴 Ⅱ 的转速同步，两轴均不受转矩，系统没有功率，实验台处于空载运转状态，轮 D_1 和 D_1' 为主动轮，轮 D_2 和 D_2' 为从动轮。两边的传动比相等（$i=D_2/D_1=D_2'/D_1'$）。

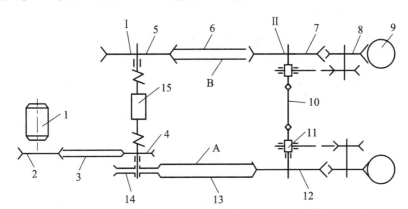

1—驱动电机；2、4—传动带轮；3—驱动三角带；5、7—试验边带轮；6—传动带B；
8—增力机构；9—加重砝码；10—万向联轴器；11—可调中心距支座；
12—传动带轮；13—传动带A；14—可调带轮；15—转矩转速传感器

图 2.4－1　封闭功率实验台运动简图

实验台为封闭功率流式带传动（简称闭式带传动），它由轮 D_1、D_2、D_1'、D_2' 及传动带 A 和传动带 B 组成闭合回路。众所周知，带传动在工作过程中存在着弹性滑动，所以从动轮的速度 v_2 小于主动轮的速度 v_1，两轮速之差称为弹性滑动速度，以 v_b 表示，其速度变化可用滑差率 ε 表示：

$$\varepsilon = \frac{v_1 - v_2}{v_1} = \frac{v_b}{v_1}$$

滑差率 ε 的大小与带传递的功率有关，带传动的负荷越大，滑差率也越大，因此带传动中弹性滑动的大小可充分地表示出传动负荷的大小。封闭功率流式实验台就是利用这一原理，使主动轮与从动轮之间产生滑差，形成转矩。

当 $D_1'<D_2'=D_1=D_2$ 时，传动带 B 的线速度高于传动带 A 的线速度，即存在轮 D_2 的

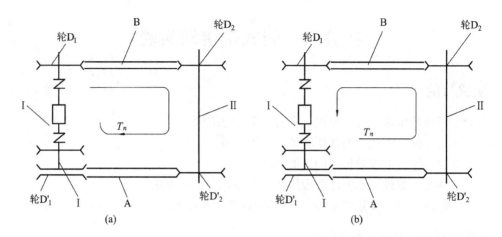

图 2.4 - 2　闭式传动工作原理图

转速高于轮 D_2' 转速的趋势，使轴 Ⅱ 两端的传动造成一个滑差，由轮 D_2 给轴 Ⅱ 加上一个转距（相当于在轴 Ⅱ 轮 D_2' 端加上一个制动力矩），方向由轮 D_2 传向轮 D_2'，所以轮 D_1、轮 D_2'为主动轮，轮 D_2、D_1' 为从动轮。此时封闭系统的转矩以如图 2.4 - 2(a)所示的顺时针方向传递（即功率流的方向），封闭系统因摩擦而消耗功率，为此，驱动电机必须连续不断地向轮 D_1 端输入一个补偿转矩 T_1。

　　当 $D_1' > D_2' = D_1 = D_2$ 时，与上述相反，轮 D_1'、轮 D_2 为主动轮，轮 D_2'、轮 D_1 为从动轮，轮 D_2' 给轴 Ⅰ 加上一个转矩（相当于在轴 Ⅱ 轮 D_2 端加上一个制动力矩），这时，封闭系统的转矩以如图 2.4 - 2(b)所示的逆时针方向传递。驱动电机向轮 D_1' 端输入一个补偿转矩 T_1。

　　对于图 2.4 - 2(a)，测扭仪上显示的转矩 T 就是系统中功率流的转矩，它包括了电机的输入转矩 T_1 和经过二次带传动之后到轮 D_1' 处的转矩 $T_n\eta^2$，所以有下列关系式：

$$T_n = T_n\eta^2 + T_1$$

式中，T_n 为轴 Ⅰ 中测扭仪显示的转矩；T_1 为驱动电机输入的转矩；η 为效率（一次传动），它的计算公式如下：

$$\eta = \sqrt{\frac{T_n - T_1}{T_n}} \times 100\%$$

　　对于图 2.4 - 2(b)，测扭仪上显示的转矩 T_n，就是系统中功率流经二次带传动之后，到轮 D_1 处的转矩，电机输向轮 D_1' 的转矩为 T_1，则系统中功率流的转矩为($T_n + T_1$)，所以有下列关系式：

$$T_n = (T_n + T_1)\eta^2$$

则

$$\eta = \sqrt{\frac{T_n}{T_n + T_1}} \times 100\%$$

　　由此可知，对于封闭功率流式带传动实验台，为了实现封闭功率流，应使 $D_2/D_1 \neq D_2'/D_1'$，即四个带轮中至少有一个带轮直径与其他带轮直径不同。

三、实验步骤

　　(1) 测定带及带轮的有关尺寸。

（2）根据带的初拉力配置砝码，砝码重可按下式计算：

$$G = \frac{2F_0}{5}$$

式中，G 为砝码重量（kg）；F_0 为初拉力（kN）。

（3）启动驱动电机。

（4）调节加载机构的手柄逐步加载，观察胶带传动的工作情况（弹性滑动和打滑），并记录两轴的转速及转矩直至打滑，将数据填入实验报告的记录表中。

（5）卸载，降速，停机。

（6）算出滑差率 ε 及效率 η，画出滑动曲线及率效曲线。

实 验 报 告

姓名		学号		班级	
组别		实验日期		成绩	

一、实验目的

(1) 掌握胶带传动的实验原理，熟悉实验台的结构。

(2) 观察胶带在传动中的弹性滑动和打滑现象。

(3) 观察初拉力对胶带传动能力的影响。

(4) 了解闭式带传动的原理并理解闭式带传动的加载方法。

(5) 计算滑差率 ε 及效率 η，画出滑动曲线及效率曲线。

二、实验数据

胶带型号：_____；带轮直径：_____ mm。

1. 填写实验数据

项目 序号	初拉力 F_0/kN	主动轮 转速 n_1 /(r/min)	从动轮 转速 n_2 /(r/min)	扭矩仪示 值 T_n /(N·m)	驱动电机 输入功率 P_d/kW	驱动电机 输入扭矩 T_1/(N·m)	胶带线速度 $v=\dfrac{\pi Dn}{60\times 1000}$ /(m/s)	滑差率 $\varepsilon=\dfrac{n_1-n_2}{n_1}$	效率 $\eta(\%)$
1									
2									
3									
4									
5									
6									
7									

注：$T_1=(9550P_d/n_d)\eta_0$（N·m）；P_d 为驱动电机输入功率；n_d 为驱动电机转速；η_0 为驱动三角带的效率，取 $\eta_0=95\%$。

2. 绘制滑动曲线及效率曲线

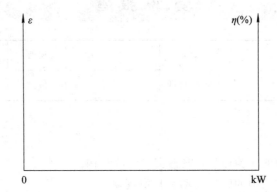

实验五　开式带传动实验

一、实验目的

（1）利用实验装置的数字显示箱，在负载不同的情况下，手工抄录主动轮转速、主动轮转矩、从动轮转速、从动轮转矩，根据此数据计算并绘出弹性滑动曲线和带传动的效率曲线。

（2）利用串行线，将带传动实验装置与微计算机直接连通。随着带传动负载的逐级增加，根据专用软件进行数据处理与分析，并输出滑动曲线、效率曲线和所有实验数据。

（3）掌握转速、转矩、转速差及带传动效率的测量方法。

二、实验系统

1. 实验系统的组成

如图 2.5-1 所示，实验系统主要包括如下部分：带传动机构，主、从动轮转矩传感器，主、从动轮转速传感器，电测箱（与带传动机构装为一体），微计算机和打印机。

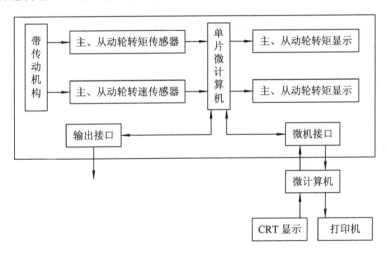

图 2.5-1　实验系统的组成框图

本实验台完善的设计可以保证操作者用简便的操作获得形象的传动效率曲线及滑动曲线。直流电机作为原动机及负载，具有无级调速功能。本实验台设计了专门的带传动预张力形成机构，预张力可预先准确地设定，在实验过程中，预张力稳定不变。在实验台的电测箱中配置了单片机，设计了专用的软件，使本实验台具有数据采集、数据处理、显示、保持、记忆等多种人工智能。实验台也可与微计算机对接（本实验台已备有接口），这时可自动显示并打印输出实验数据及实验曲线。

2. 主要技术参数

（1）带轮直径：$D_1 = D_2 = 86$ mm；

（2）包角：$\alpha_1 = \alpha_2 = 180°$；

（3）直流电机功率：两台 ×50 W；

（4）主动电机调速范围：0～1800 r/min；

（5）额定转矩：$T=0.24\ \text{N·m}=2450\ \text{gf·cm}$；

（6）实验台尺寸：长×宽×高＝600 mm ×280 mm ×300 mm；

（7）电源：交流 220 V/50 Hz。

3．实验机构的结构特点

1）机械结构

本实验台的机械部分主要由两台直流电机组成，如图2.5-2所示。其中一台作为原动机，另一台作为负载的发电机。

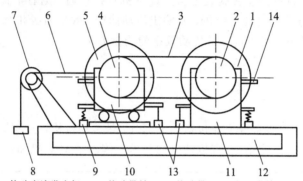

1—从动直流发电机；2—从动带轮；3—传动带；4—主动带轮；
5—主动直流电动机；6—牵引绳；7—滑轮；8—砝码；9—拉簧；
10—浮动支座；11—固定支座；12—电测箱；13—拉力传感器；14—标定杆

图 2.5-2　实验台结构图

2）加载方法

原动机由可控硅整流装置供给电动机电枢不同的端电压以实现无级调速。

对发电机而言，每按一下"加载"按键，即并上一个负载电阻，可使发电机负载逐步增加，电枢电流增大，随之电磁转矩也增大，即发电机的负载转矩增大，实现负载的改变。

两台电机均为悬挂支承，当传递载荷时，作用于电机定子上的力矩 T_1（主动电机力矩）和 T_2（从动电机力矩）迫使拉钩作用于拉力传感器（序号13），传感器输出的电信号正比于 T_1、T_2 的原始信号。

原动机的机座设计成浮动结构（滚动滑槽），与牵引钢丝绳、定滑轮、砝码一起组成带传动预拉力形成机构，改变砝码大小，即可准确地预定带传动的预拉力 F_0。

两台电机的转速传感器（红外光电传感器）分别安装在带轮背后的环形槽（本图未表示）中，由此可获得必需的转速信号。

3）电测系统

电测系统装在实验台的电测箱内，如图2.5-2所示。电测系统附设单片机，承担数据采集、数据处理、信息记忆、自动显示等功能，能实时显示带传动过程中主动轮的转速、转矩值和从动轮的转速、转矩值。如通过微机接口外接微计算机，就可自动显示并能打印输出带传动的滑动曲线 $\varepsilon—T_2$ 及传递效率曲线 $\eta—T_2$ 及相关数据。电测箱操作按键主要集中在箱体正面的面板上，面板的布置如图2.5-3所示。

在电测箱背面备有微机 RS-232 接口，主、被动轮转矩放大，调零旋钮等，其布置情况如图2.5-4所示。

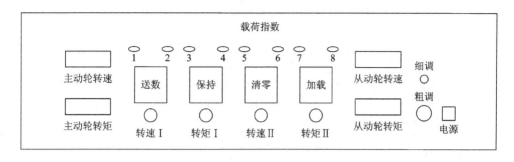

图 2.5-3　电测箱面板

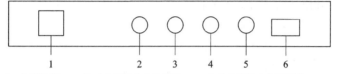

1—电源插座；2—被动力矩放大倍数调节；3—从动力矩放大倍数调节；
4—被动力矩调零；5—主动力矩调零；6—RS-232接口

图 2.5-4　电测箱背面

三、实验原理及实验方法

1．调速和加载

主动电机的直流电源由可控硅整流装置供给，转动电位器可改变可控硅控制角，从而提供给主动电机电枢不同的端电压，以实现无级调节电机转速。本实验台中设计了粗调和细调两个电位器，可精确地调节主动电机的转速值。

加载是通过改变发电机的激磁电压实现的。逐个按下实验台操作面上的"加载"按键（即逐个并上发电机负载电阻），使发电机的激磁电压加大，电枢电流增大，随之电磁转矩增大。由于电动机与发电机产生相反的电磁转矩，发电机的电磁转矩对电动机而言，即为负载转矩，所以改变发电机的激磁电压，也就实现了负载的改变。

本实验台由两台直流电机组成，左边一台是直流电动机，产生主动转矩，通过皮带，带动右边的直流发电机。如图 2.5-5 所示，直流发电机的输出电压通过面板的"加载"按键控制电子开关，逐级接通并联的负载电阻（采用电烙铁的内芯电阻），使发电机的输出功率逐级增加，也就改变了皮带传送功率的大小，使主动直流电动机的负载功率逐级增加。

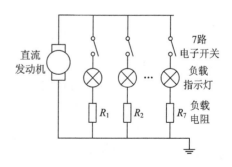

图 2.5-5　直流发电机加载示意图

2．转速测量

两台电机的转速分别由安装在实验台两电机带轮背后环形槽中的红外交电传感器测出。带轮上开有光栅槽，由交电传感器将其角位移信号转换为电脉冲输入单片计算机中计数，计算得到两电机的动态转速值，并由实验台上的 LED 显示器显示出来，也可通过微机接口送往微计算机作进一步处理(参见图 2.5-6)。

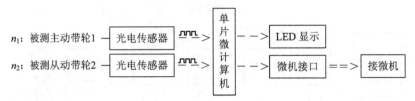

图 2.5-6　转速测量示意图

3. 转矩测量

如图 2.5-2 所示,实验台上的两台电机均设计为悬挂支承方式,当传递载荷时,传动力矩分别通过固定在电机定子外壳上的杠杆受到转子力矩的反方向力矩测得。该转矩通过杠杆及拉钩作用于拉力传感器上而产生支反力,使定子处于平衡状态。所以得到以下结论:

主动轮上的转矩

$$T_1 = L_1 F_1 \quad (\text{N} \cdot \text{m})$$

从动轮上的转矩

$$T_2 = L_2 F_2 \quad (\text{N} \cdot \text{m})$$

F_1、F_2 分别为拉力传感器上所受的力,由传感器转换为正比于所受力的电压信号,再经过 A/D 转换将模拟量转换为数字量,并送往单片微机中,经过计算得到 T_1、T_2,由实验台 LED 显示器分别显示测得的值。

4. 带传动的圆周力、弹性滑动系数和带传动的效率公式

带传动的圆周力

$$F = \frac{2T_1}{D} \tag{2.5-1}$$

带传动的弹性滑动系数

$$\varepsilon = \frac{n_1 - n_2}{n_1} \tag{2.5-2}$$

带传动的效率

$$\eta = \frac{P_1}{P_2} = \frac{T_2 n_2}{T_1 n_1} \times 100\% \tag{2.5-3}$$

式中,P_1,P_2 分别为主、从动轮的功率(kW);n_1,n_2 分别为主、从动轮的转速(r/min)。

随着负载的改变(F 的改变),T_1、T_2、$\Delta n = n_1 - n_2$ 的值也改变,这样可获得一组 ε 和 η 的值,然后可绘出滑动曲线和效率曲线。

四、实验操作步骤

1. 人工记录操作方法

(1) 设置预拉力。传动带需在不同预拉力 F_0 的条件下进行试验,也可对同一型号的传动带采用不同的预拉力,试验不同预拉力对传动性能的影响。若要改变预拉力 F_0,如图 2.5-2 所示,只需改变砝码 8 的大小。

(2) 接通电源。在接通电源前将控制粗调电位器的调速旋钮逆时针转到底,使开关断开,将细调电位器旋钮逆时针旋到底,按电源开关接通电源,按一下"清零"键,此时主、被

动电机转速显示为"0",力矩显示为".",实验系统处于"自动校零"状态。校零结束后,力矩显示为"0"。再将粗调调速旋钮顺时针旋转接通开关并慢慢向高速方向旋转,电机启动,逐渐增速,同时观察实验台面板上主动轮转速显示屏上的转速数,其上的数字即为当前的电机转速。当主动电机转速达到预定转速(本实验建议预定转速为 1200～1300 r/min)时,停止转速调节。此时从动电机转速也将稳定地显示在显示屏上。

(3) 加载方法如下:在空载时,记录主、从动轮转矩与转速。按"加载"键一次,第一个加载指示灯亮,调整主动电机转速(此时,只需使用细调电位器进行转速调节。),使其仍保持在预定工作转速内,待显示基本稳定(一般 LED 显示器跳动 2～3 次即可达到稳定值),记下主、从动轮的转矩及转速值。再按"加载"键一次,第二个加载指示灯亮,再调整主动转速(用细调电位器),仍保持预定转速,待显示稳定后再次记下主、从动轮的转矩及转速。第三次按"加载"键,第三个加载指示灯亮,与前次操作相同,记录下主、从动轮的转矩、转速。重复上述操作,直至 8 个加载指示灯全亮,记录下八组数据。根据这八组数据便可作出带传动滑动曲线 $\varepsilon-T_2$ 及效率曲线 $\eta-T_2$。在记录下各组数据后,应先将电机粗调调速旋钮逆时针转至关断状态,然后将细调电位器逆时针转到底,再按"清零"键。显示指示灯全部熄灭,机构处于关断状态,等待下次实验或关闭电源。

为便于记录数据,在实验台的面板上还设置了"保持"键,每次加载数据基本稳定后,按"保持"键可使转矩、转速稳定在当时的显示值不变。按任意键可脱离"保持"状态。

2. 与计算机连接的操作方法

1) 连接 RS-232 通信线

在 DCS-Ⅱ型带传动实验台的后板上设有 RS-232 串行接口,可通过所附的通信线直接和计算机相连,组成带传动实验系统。如果采用多机通信转换器,则首先需要将多机通信转换器通过 RS-232 通信线连接到计算机,然后用双端插头电话线,将 DCS-Ⅱ型带传动实验台连接到多机通信转换器的任一个输入口上。

2) 数据采集与分析

(1) 将实验台粗调调速电位器逆时针转到底,使开关断开,把细调电位器也逆时针旋到底。打开实验机构电源,按"清零"键,几秒钟后,数码管显示"0",自动校零完成。

(2) 顺时针转动粗调电位器,开关接通并使主动轮转速稳定在工作转速(一般取 1200～1300 r/min 左右),按下"加载"键再调整主动转速(用细调电位器),使其仍保持在工作转速范围内,待转速稳定(一般需 2～3 个显示周期)后,再按"加载"键,以此往复,直至实验机构面板上的八个发光管指示灯全亮为止。此时,实验台面板上四组数码管将全部显示"8888",表明所采集的数据已全部送至计算机。实验结果示例如图 2.5-7 所示。

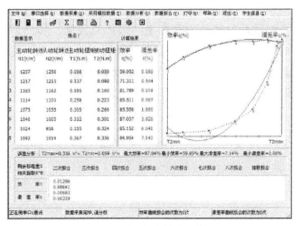

图 2.5-7 实验结果示例

（3）当实验机构全部显示"8888"时，计算机屏幕将显示所采集的全部八组主、从动轮的转速和转矩。

（4）实验结束后，断开实验台电机调速电位器开关，关闭实验机构的电源。

3. 校零与标定

1）校零

该实验系统的实验准确度和稳定性较高，并且实验操作方便。本实验台具有"自动校零"功能，能清除系统的零点漂移带来的实验误差。操作者在平时的实验过程中，无需进行手动校零操作。若因种种原因使系统零点产生较大偏移时，可按下述方法进行手动校正：

（1）接通实验台电源。

（2）松开实验台背面调零电位器的锁紧螺母，同时将万用表接入实验台面板上的主、从动转矩输出端。调整调零电位器，使输出电压在 1 V 左右。

（3）调零结束后，锁紧调零电位器的锁紧螺母。

2）标定

为提高实验数据的精度及可靠性，实验台在出厂时都是经过标定的。标定方法如下：

（1）接通实验台电源，使实验台进入自动校零状态（方法同前），然后调节调速旋钮，使电机稳定在某一低速状态（一般可取 $n = 300$ r/min 左右）。按"加载"键一次，第一个加载指示灯亮，实验台进入标定状态。

（2）记录下标定状态时主、从动电机转矩的显示值 $T_{1.0}$ 和 $T_{2.0}$。选定某一重量的标准砝码，挂在实验台的标定杆上（标定时临时装上）。调节力矩放大倍数调节电位器，使力矩显示值 T_i 符合下式：

$$T_i = mLg + T_{i,0} \quad (\text{N} \cdot \text{m})$$

式中，m 为砝码质量（kg）；L 为砝码悬挂点到电机中心距离（m）；g 为重力加速度（m/s²）；$T_{i,0}$ 为砝码挂前的力矩显示值。

例如，若 $m = 0.4$ kg，$L = 0.10$ m，$T_{i,0} = 0.06$ N·m，则 $T_i = 0.452$ N·m。

标定结束后，应锁紧力矩放大倍数电位器的锁紧螺母。

五、数据分析

数据分析的功能在于将采集的数据[主动转速 n_1(r/min)、从动轮转速 n_2(r/min)、主动轮转矩 T_1(N·m)、从动轮转矩 T_2(N·m)]进行效率、滑差率的计算，并在曲线显示区显示 $\varepsilon—T_2$、$\eta—T_2$ 曲线。如果没有进行数据采集操作或采用模拟数据操作，系统会提示要求进行数据采集操作，没有数据，系统将不会进行数据分析操作。

实　验　报　告

姓名		学号		班级	
组别		实验日期		成绩	

一、实验目的

（1）利用实验装置的数字显示信箱，在负载不同的情况下，手工抄录主动轮转速、主动轮转矩、从动轮转速、从动轮转矩，根据此数据计算并绘出弹性滑动曲线和带传动的效率曲线。

（2）利用串行线，将带传动实验装置与微计算机直接连通。随着带传动负载的逐级增加，根据专用软件进行数据处理与分析，并输出滑动曲线、效率曲线和所有实验数据。

（3）掌握转速、转矩、转速差及带传动效率的测量方法。

二、实验条件

（1）带的种类：_____，规格：_____；

（2）带的初拉力：$F_0 =$ _____ N；

（3）张紧方式：自动张紧；

（4）杠杆臂长度：_____；

（5）带轮直径：_____；

（6）包角：_____。

三、实验数据

序号	初拉力 F_0	主动轮转速 $n_1/(\mathrm{r/min})$	从动轮转速 $n_2/(\mathrm{r/min})$	主动轮转矩 $T_1/(\mathrm{N\cdot m})$	从动轮转矩 $T_2/(\mathrm{N\cdot m})$	效率 $\eta(\%)$	滑差率 ε
1							
2							
3							
4							
5							
6							
7							
8							

注：效率 $\eta = \dfrac{P_2}{P_1} = \dfrac{T_2 n_2}{T_1 n_1} \times 100\%$；$\varepsilon = \dfrac{n_1 - n_2}{n_1}$。

四、绘制带传动的效率曲线和滑动曲线

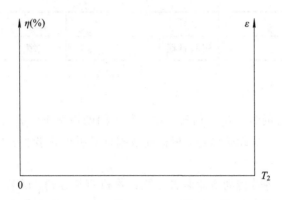

五、思考题

(1) 带传动的弹性滑动与带的初始张紧力有什么关系?

(2) 带传动的弹性滑动与带上的有效工作拉力有什么关系?

(3) 带传动为什么会发生打滑失效?

实验六　液体动压轴承实验

一、实验目的

（1）液体动压轴承油膜压力径向分布的测试分析。

（2）液体动压轴承油膜压力径向分布的仿真分析。

（3）液体动压轴承摩擦特征曲线的测定。

（4）液体动压轴承实验的其他重要参数的测定，包括轴承平均压力值、轴承 pv 值、偏心率、最小油膜厚度等。

二、实验设备

本实验的实验设备是 ZCS－Ⅱ型液体动压轴承实验台。

1. 实验系统的组成

轴承实验台的系统框图如图 2.6－1 所示，它由以下设备组成：

（1）轴承实验台：轴承实验台的机械结构；

（2）压力传感器：共 7 个，用于测量轴瓦上油膜压力分布值；

（3）力传感器：共 1 个，用于测量外加载荷值；

（4）转速传感器：测量主轴转速；

（5）力矩传感器：共 1 个，用于测量摩擦力矩；

（6）数据采集器；

（7）计算机；

（8）打印机。

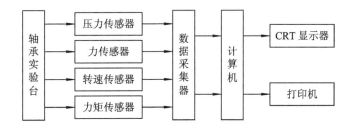

图 2.6－1　轴承实验台系统框图

2. 实验台结构

该实验机构中滑动轴承部分的结构简图如图 2.6－2 所示。

实验台电机启动后，由电机 1 通过皮带带动主轴 7 在油槽 8 中转动，在油膜粘力作用下通过摩擦力传感器 3 测出主轴旋转时受到的摩擦力矩；当润滑油充满整个轴瓦内壁后轴瓦上的 7 个压力传感器可分别测出分布在其上的油膜压力值；待工作稳定后由温度传感器测出入油口和出油口的油温。

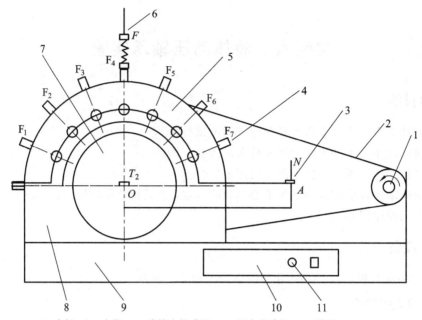

1—电机；2—皮带；3—摩擦力传感器；4—压力传感器；5—轴瓦；
6—加载传感器；7—主轴；8—油槽；9—底座；10—面板；11—调速旋钮

图 2.6 - 2　轴承实验台结构简图

3. 实验系统主要技术参数

（1）实验轴瓦：内径 $d=70$ mm，长度 $L=125$ mm；

（2）加载范围：$0\sim1000$ N（100 kg）；

（3）摩擦力传感器量程：50 N；

（4）压力传感器量程：$0\sim1.0$ MPa；

（5）加载传感器量程：$0\sim2000$ N；

（6）直流电机功率：400 W；

（7）主轴调速范围：$2\sim500$ r/min。

三、实验原理及测试内容

1. 实验原理

滑动轴承形成动压润滑油膜的过程如图 2.6 - 3 所示。当轴静止时，轴承孔与轴颈直接接触，如图 2.6 - 3(a)所示。径向间隙 Δ 使轴颈与轴承的配合面之间形成楔形间隙，其间充满润滑油。由于润滑油具有粘性而附着于零件表面，因而当轴颈回转时，依靠附着在轴颈上的油层带动润滑油挤入楔形间隙。因为通过楔形间隙的润滑油质量不变（流体连续运动原理），而楔形中的间隙截面逐渐变小，润滑油分子间相互挤压，从而油层中必然产生流体动压力，它力图挤开配合面，达到支承外载荷的目的。当各种参数协调时，液体动压力能保证轴的中心与轴瓦中心有一偏心距 e，如图 2.6 - 3(b)所示。最小油膜厚度 h_{min} 存在于轴颈与轴承孔的中心连线上，液体动压力的分布如图 2.6 - 3(c)所示。

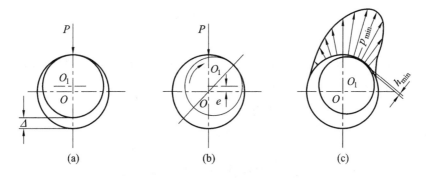

图 2.6-3　动压润滑油膜的形成过程

通常用 $f-\lambda$ 曲线来判别液体动压润滑能否建立。图 2.6-4 中 f 为轴颈与轴承之间的摩擦系数，λ 为轴承特性系数，它与轴的转速 n、润滑油动力粘度 η、润滑油压强 p 之间的关系为

$$\lambda = \frac{\eta n}{p}$$

式中，n 为轴颈转速；η 为润滑油动力粘度；p 为单位面积载荷，$p = \dfrac{F_r}{l_1 d}$（N/mm^2），其中，F_r 是轴承承受的径向载荷，d 是轴承的孔径，本实验中，$d = 60$ mm，l_1 是轴承的有效工作长度，本实验中，轴承取 $l_1 = 70$ mm。

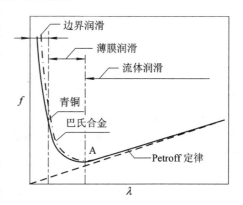

图 2.6-4　摩擦特性曲线

特性曲线上的 A 点是轴承由混合润滑向流体润滑转变的临界点。此点的摩擦系数最小，与它相对应的轴承特性系数称为临界特性系数，以 λ_0 表示。A 点之右，即 $\lambda > \lambda_0$ 的区域为流体润滑状态；A 点之左，即 $\lambda < \lambda_0$ 的区域为混合润滑状态。

根据不同条件所测得的 f 和 λ 的值，我们就可以作出 $f-\lambda$ 曲线，用以判别轴承的润滑状态，以及能否实现在流体润滑状态下工作。

2. 油膜压力测试实验

1）理论计算压力

图 2.6-5 所示为径向滑动轴承的油压分布。

根据流体动力润滑的雷诺方程，从油膜起始角 ϕ_1 到任意角 ϕ 的压力为

$$p_\phi = 6\eta \frac{\omega}{\psi^2} \int_{\phi_1}^{\phi} \frac{\chi(\cos\phi - \cos\phi_0)}{(1 + \chi\cos\phi)^3} \mathrm{d}\phi$$

$$(2.6-1)$$

式(2.6-1)中，p_ϕ 为任意位置的压力(Pa)；η 为油膜粘度；ω 为主轴转速(rad/s)；ψ 为相对间隙，$\psi = \dfrac{D-d}{d}$，其中 D 为轴承孔直径，d 为轴径直径；ϕ 为油

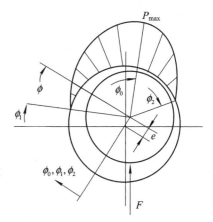

图 2.6-5　径向滑动轴承的油压分布

压任意角(°)；ϕ_0 为最大压力处极角(°)；ϕ_1 为油膜起始角(°)；χ 为偏心率，$\chi = \dfrac{2e}{D-d}$，其中 e 为偏心距。

在雷诺公式中，油膜起始角 ϕ_1、最大压力处极角 ϕ_0 由实验台实验测试得到。

偏心率 χ 由查表得到，具体方法如下：

对有限宽轴承，油膜的总承载能力为

$$F = \frac{\eta \omega \, \mathrm{d} B}{\psi^2} C_p \qquad (2.6-2)$$

式(2.6-2)中，F 为承载能力，即外加载荷(N)；B 为轴承宽度(mm)；C_p 为承载量系数，见表 2.6-1。

由式(2.6-2)可推出

$$C_p = \frac{F\psi^2}{\eta \omega d B} \qquad (2.6-3)$$

由式(2.6-3)计算得承载量系数 C_p 后，再查表 2.6-1 可得到在不同转速、不同外加载荷下的偏心率。

注：若所查的参数系数超出了表中所列的范围，可用插入值法进行推算。

表 2.6-1　有限宽轴承的承载量系数 C_p 表

B/d	\multicolumn{12}{c}{X}
	0.3	0.4	0.5	0.6	0.65	0.7	0.75	0.8	0.85	0.9	0.95	0.99
\multicolumn{13}{c}{承载量系数 C_p}
0.3	0.0522	0.0826	0.128	0.203	0.259	0.347	0.475	0.699	1.122	2.074	5.73	50.52
0.4	0.0893	0.141	0.216	0.339	0.431	0.573	0.776	1.079	1.775	3.195	8.393	65.26
0.5	0.133	0.209	0.317	0.493	0.622	0.819	1.098	1.572	2.428	4.216	10.706	75.86
0.6	0.182	0.283	0.427	0.655	0.819	1.07	1.418	2.001	3.306	5.214	12.64	83.21
0.7	0.234	0.361	0.538	0.816	1.014	1.312	1.72	2.399	3.58	6.029	14.14	88.9
0.8	0.287	0.439	0.647	0.972	1.199	1.538	1.965	2.754	4.053	6.721	15.37	92.89
0.9	0.339	0.515	0.754	1.118	1.371	1.745	2.248	3.067	4.459	7.294	16.37	96.35
1.0	0.391	0.589	0.853	1.253	1.528	1.929	2.469	3.372	4.808	7.772	17.18	98.95
1.1	0.44	0.658	0.947	1.377	1.669	2.097	2.664	3.58	5.106	8.816	17.86	101.15
1.2	0.487	0.732	1.033	1.489	1.796	2.247	2.838	3.787	5.364	8.533	18.43	102.9
1.3	0.529	0.784	1.111	1.59	1.912	2.379	2.99	3.968	5.586	8.831	18.91	104.42
1.5	0.61	0.891	1.248	1.763	2.099	2.6	3.242	4.266	5.947	9.304	19.68	106.84
2.0	0.763	1.091	1.483	2.07	2.466	2.981	3.671	4.778	6.545	10.091	20.97	110.79

2）实际测量压力

如图 2.6-2 所示，启动电机，控制主轴转速并施加一定工作载荷运转一定时间，轴承中形成压力油膜后，图中 $F_1 \sim F_7$ 七个压力传感器用于测量轴瓦表面每隔 22°角处的七点油膜压力值，并经 A/D 转换器送往计算机中显示压力值。

在与实验台配套的软件中可以分别作出油膜实际压力分布曲线和理论分布曲线，比较两者间的差异。

3. 摩擦特性实验

1）理论摩擦系数

理论摩擦系数

$$f = \frac{\pi}{\psi} \times \frac{\eta\omega}{p} + 0.55\psi\varepsilon \qquad (2.6-4)$$

式(2.6-4)中，f 为摩擦系数；p 为轴承平均压力，$p = \dfrac{F}{dB}$(Pa)；ε 为随轴承宽径比而变化的系数，对于 $B/d < 1$ 的轴承，$\varepsilon = d/B = 1.5$；当 $B/d \geqslant 1$ 时，$\varepsilon = 1$；ψ 为相对间隙，$\psi = \dfrac{D-d}{d}$。

由式(2.6-4)可知：理论摩擦系数 f 的大小与油膜粘度 η、转速 ω 和平均压力 p(也与外加载荷 F)有关。在使用同一种润滑油的前提下，粘度 η 的变化与油膜温度有关，由于在不是长时间工作的情况下，油膜温度变化不大，因此在本实验系统中暂时不考虑粘度因素。

2）测量摩擦系数

如图 2.6-2 所示，在轴瓦中心引出传感器 3，用以测量轴承工作时的摩擦力矩，进而换算得摩擦系数值。对它们的分析如图 2.6-6 所示。

$$\sum F_r = NL, \quad \sum F = fF$$

式中，$\sum F$ 为圆周上各切点摩擦力之和，$\sum F = F_1 + F_2 + F_3 + F_4 + \cdots$；$r$ 为圆周半径；N 为压力传感器测得的力；L 为力臂；F 为外加载荷力；f 为摩擦系数。

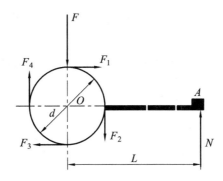

图 2.6-6 轴径圆周表面摩擦力分析

所以实测摩擦系数

$$f = \frac{NL}{Fr} \qquad (2.6-5)$$

4. 轴承实验中其他重要参数

在轴承实验中还有一些比较重要的参数概念，以下分别作出介绍。

（1）轴承的平均压力 p(MPa)

$$p = \frac{F}{dB} \leqslant [p] \qquad (2.6-6)$$

式中，F 为外加载荷(N)；B 为轴承宽度(mm)；d 为轴径直径(mm)；$[p]$ 为轴瓦材料的许用压力(MPa)，其值可查。

（2）轴承 pv 值(MPa·m/s)

轴承的发热量与其单位面积上的摩擦功耗 fpv 成正比（f 是摩擦系数），限制 pv 值就是限制轴承的温升。

$$pv = \frac{F}{dB} \times \frac{\pi dn}{601000} = \frac{Fn}{19100B} \leqslant [pv] \qquad (2.6-7)$$

式(2.6-7)中，v 为轴颈圆周速度(m/s)；$[pv]$ 为轴承材料 pv 的许用值(MPa·m/s)，其值可查。

（3）小油膜厚度

$$h_{\min} = r\psi(1-\chi) \qquad (2.6-8)$$

式中各参数说明见之前内容。

四、实验操作步骤

（一）系统连接及启动

1. 连接 RS-232 通讯线

在实验台及计算机电源关闭的状态下，将标准 RS-232 通信线分别接入计算机及 ZCS-Ⅱ型液体动压轴承实验台 RS-232 的串行接口。

2. 启动机械教学综合实验系统

确认 RS-232 串行通信线正确连接，开启计算机，点击"机械教学实验系统"图标进入机械教学综合实验系统主界面。

在主界面左面功能框中点击"滑动轴承"功能键。点击滑动轴承实验台图面，进入滑动轴承实验台实验初始界面中。

（二）油膜压力测试实验

1. 启动压力分布实验主界面

点击滑动轴承实验系统初始界面图，进入"油膜压力分布实验"主界面。

2. 系统复位

放松加载螺杆，确认载荷为空载，将电机调速电位器旋钮逆时针旋到底，即零转速位置。顺时针旋动轴瓦前上端的螺钉，将轴瓦顶起使油膜放净，然后放松该螺钉，使轴瓦和轴充分接触。

点击"复位"键，计算机采集七路油膜压力传感器初始值，并将此值作为"零点"储存。

3. 油膜压力测试

点击"自动采集"键，系统进入自动采集状态，计算机实时采集七路压力传感器、实验台主轴转速传感器及工作载荷传感器输出电压信号，进行采样－处理－显示。

慢慢转动电机调速电位器旋钮启动电机，使主轴转速达到实验预定值（一般 $n \leqslant$ 300 r/min ）。

旋动加载螺杆，观察主界面中轴承载荷的显示值，当达到预定值（一般为 1800 N）后停止调整。

观察七路油膜压力显示值，待压力值基本稳定后点击"提取数据"键，自动采集结束。主界面上即保存了相关的实验数据。

4. 自动绘制滑动轴承油膜压力分布曲线

点击"实测曲线"键，计算机自动绘制滑动轴承实测油膜压力分布曲线；点击"理论曲线"键，计算机显示理论计算油膜压力分布曲线。

5. 手工绘制滑动轴承油膜压力分布曲线

根据测出的油压大小，按一定比例手动绘制油压分布曲线，如图 2.6 - 7 所示。

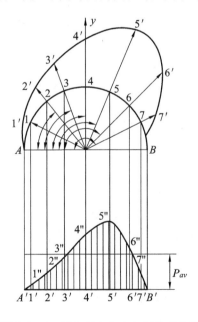

图 2.6 - 7　径向压力分布与承载量曲线

具体画法是沿着圆周表面从左向右画出角度分别为 24°、46°、68°、90°、112°、134°、156°等分，得出压力传感器 1～7 的位置，通过这些点与圆心连线，在它们的延长线上，将压力传感器测出的压力值，按 0.1 MPa∶5 mm 的比例画出压力向量 1－1′、2－2′、…、7－7′。实验台压力传感器显示数值的单位是大气压 atm（1atm＝0.1 MPa）。将 1′～7′ 各点连成平滑曲线，这就是位于轴承宽度中部的油膜压力在圆周方向的分布曲线。

　　为了确定轴承的承载量，用 $p_i \sin\varphi_i (i=1, 2, \cdots, 7)$ 求出压力分布向量 $1-1'$、$2-2'$、$\cdots$、$7-7'$ 在载荷方向（y 轴）上的投影值。然后，将 $p_i \sin\varphi_i$ 这些平行于 y 轴的向量移到直径 AB 上，为清楚起见，将直径 AB 平移到图 2.6-7 的下面部分，在直径 $A'B'$ 上先画出圆周表面上压力传感器油孔位置的投影点 $1'$、$2'$、$\cdots$、$7'$。然后通过这些点画出上述相应的各点压力在载荷方向上的分量，即 $1''$、$2''$、$\cdots$、$7''$ 点的位置，将各点平滑地连接起来，所形成的曲线即为在载荷方向上的压力分布曲线。

　　在直径 $A'B'$ 上作一矩形，采用方格坐标纸，使其面积与曲线包围的面积相等，则该矩形的边长 P_{av} 即为轴承中该截面上油膜的平均径向压力。

　　滑动轴承处于流体摩擦（液体摩擦）状态工作时，其油膜承载量与外载荷相平衡，轴承内油膜的承载量可用下式求出：

$$F_r = W = \psi P_{av} Bd \tag{2.6-9}$$

$$\psi = \frac{W}{P_{av} Bd} \tag{2.6-10}$$

式中，W 为轴承内油膜承载能力；F_r 为外加径向载荷；ψ 为轴承端泄对其承载能力的影响系数；P_{av} 为轴承的径向平均单位压力；B 为轴瓦长度；d 为轴瓦内径。

　　润滑油的端泄对轴承内的压力分布及轴承的承载能力影响较大，通过实验可以观察其影响，具体方法如下：

　　将由实验测得的每只压力传感器的压力值代入下式，可求出在轴瓦中心截面上的平均单位压力

$$P_{av} = \frac{\sum_{i=1}^{i=7} P_i \sin\varphi_i}{7} = \frac{P_1 \sin\varphi_1 + P_2 \sin\varphi_2 + \cdots + P_7 \sin\varphi_7}{7} \tag{2.6-11}$$

　　轴承端泄对轴承承载能力的影响系数 ψ，由式（2.6-9）求得。

（三）摩擦特性测试实验

　　滑动轴承的摩擦特性曲线见图 2.6-4。参数 η 为润滑油的动力粘度，润滑油的粘度受到压力与温度的影响，由于实验过程时间短，润滑油的温度变化不大；润滑油的压力一般低于 20 MPa，因此可以认为润滑油的动力粘度是一个近似常数的值。根据查表可得 N46 号机械油在 20℃时的动力粘度为 0.034 Pa·s。轴承中的平均比压可用下式计算：

$$p = \frac{F_r}{Bd} \tag{2.6-12}$$

　　在实验中，通过调节轴的转速 n 或外加轴承径向载荷 F_r，可以改变 $\eta n/p$，将各种转速 n 及载荷 F_r 所对应的摩擦力矩测出，由式（2.6-5）求得摩擦系数 f 并画出 $f-n$ 及 $f-F_r$ 曲线。

1. 载荷固定，改变转速

1）确定实验模式

　　打开轴承实验主界面，点击"摩擦特性实验"进入摩擦特性实验主界面，点击"实测实验"及"载荷固定"模式设定键，进入"载荷固定"实验模式。

2) 系统复位

放松加载螺杆，确认载荷为空载，将电机调速电位器旋钮逆时针旋到底即零转速位置。顺时针旋动轴瓦前上端的螺钉，将轴瓦顶起使油膜放净，然后放松该螺钉，使轴瓦和轴充分接触。

点击"复位"键，计算机采集摩擦力矩传感器当前输出值，并将此值作为"零点"保存。

3) 数据采集

系统复位后，在转速为零状态下点击"数据采集"键，慢慢旋转实验台加载螺杆，观察数据采集显示窗口，设定载荷为 100～200 N。

慢慢转动电机调速电位器旋钮并观察数据采集窗口，此时轴瓦与轴处于边界润滑状态，摩擦力矩会出现较大增加值，由于边界润滑状态不会非常稳定，应及时点击"数据保存"键将这些数据保存(一般 2～3 个点即可)。

随着主轴转速的增加，机油将进入轴与轴瓦之间进行混合摩擦。此时 $\eta n / p$ 的改变引起摩擦系数 f 的急剧变化，在刚形成液体摩擦时，摩擦系数 f 达到最小值。

继续增加主轴转速进入液体摩擦阶段，随着 $\eta n / p$ 的增大，即 n 增加，油膜厚度及摩擦系数 f 也成线性增加，保存 8 个左右的采样点。点击"结束采集"键完成数据采集。

4) 绘制测试曲线

点击"实测曲线"，计算机根据所测数据自动显示 $f-n$ 曲线。也可由学生抄录测试数据，手工描绘实验曲线。点击"理论曲线"，计算机按理论计算公式计算并显示 $f-n$ 曲线。

按"打印"键可将所测试数据及曲线自动打印输出。

2. 转速固定，改变载荷

1) 确定实验模式

操作同"载荷固定，改变转速"中模式确定一节，并在摩擦特性实验主界面中设定为"转速固定"实验模式。

2) 系统复位

同上节操作

3) 数据采集

点击"数据采集"键，在轴承径向载荷为零的状态下，慢慢转动调速电位器旋钮，观察数据采集显示窗口，设定转速为某一确定值，如 200 r/min，点击"数据保存"键得到第一组数据。

点击"数据采集"键，慢慢旋转加载螺杆并观察采集显示窗口。当载荷达到预定值时点击"数据保存"键，得到第二组数据。

反复进行上述操作，直至采集 8 组左右的数据，点击"结束采集"键，完成数据采集。

4) 绘制测试曲线

方法同上节，可显示或打印输出实测 $f-F_r$ 曲线及理论 $f-F_r$ 曲线。同样也可手工绘制。

(四)注意事项

在开机做实验之前必须先完成以下几点操作，否则容易影响设备的使用寿命和精度。

(1)在启动电机之前确认载荷为空，即先启动电机再加载。

（2）在一次实验结束后马上又要开始新的实验时，顺时针旋动轴瓦上端的螺钉，顶起轴瓦将油膜先放干净，同时在软件中重新复位，这样可确保下次实验数据准确。

（3）由于油膜形成需要一小段时间，所以在开机实验时或在载荷或转速变化后待其稳定（一般等待 5～10 s）再采集数据。

（4）在长期使用过程中要确保实验油的足量、清洁。油量不足或不干净都会影响实验数据的精度，并会导致油压传感器堵塞等问题。

实　验　报　告

姓名		学号		班级	
组别		实验日期		成绩	

一、实验目的

（1）液体动压轴承油膜压力径向分布的测试分析。

（2）液体动压轴承油膜压力径向分布的仿真分析。

（3）液体动压轴承摩擦特征曲线的测定。

（4）液体动压轴承实验的其他重要参数测定，包括轴承平均压力值、轴承 pv 值、偏心率、最小油膜厚度等。

二、实验设备

本实验的实验设备是 ZCS－Ⅱ型液体动压轴承实验台。

三、实验数据

1. 实验数据记录

滑动轴承压力分布

载荷	转速	压力传感器						
		1	2	3	4	5	6	7
F_{r1}	n_1							
	n_2							
F_{r2}	n_1							
	n_2							

滑动轴承摩擦系数（转速固定，载荷变化）：转速＝_____ r/min

	载荷/N	摩擦力矩/(N·m)	摩擦系数 f	$\eta n/p$
1				
2				
3				
4				
5				
6				
7				
8				

滑动轴承摩擦系数（载荷固定，转速变化）：载荷＝_____ N

	转速/(r/min)	摩擦力矩/(N・m)	摩擦系数 f	$\eta n/p$
1				
2				
3				
4				
5				
6				
7				
8				

2. 实验结果曲线

（1）油膜径向压力分布与承载量曲线。

（2）滑动轴承摩擦特性曲线（转速固定，载荷变化）。

（3）滑动轴承摩擦特性曲线（载荷固定，转速变化）。

四、思考题

（1）为什么油膜压力曲线会随转速的改变而改变？

（2）为什么摩擦系数会随转速的改变而改变？

（3）哪些因素会引起滑动轴承摩擦系数测定的误差？

实验七　动压径向滑动轴承实验

一、实验目的

（1）建立对流体动压润滑的感性认识，理解和掌握动压油膜的形成原理。

（2）利用对实验台作油膜压力分布、摩擦系数等项目的测定，掌握有关的测试方法。

二、实验内容

（1）熟悉实验台的结构和操作方法。

（2）了解实验方法并能调整测试仪器和设备。

（3）测定某工况下的压力分布以及不同工况下的摩擦系数。

（4）整理计算实验数据，按比例在毫米方格纸上绘制出油膜压力的轴向和周向的分布曲线和轴承特性的 $f-\lambda$ 曲线。

三、实验设备

本实验的实验设备是 HZS-1 液体动压轴承实验台。图 2.7-1 是实验设备的总体布置，它包括以下几个部分：

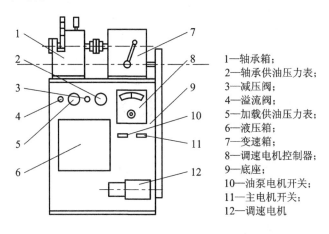

1—轴承箱；
2—轴承供油压力表；
3—减压阀；
4—溢流阀；
5—加载供油压力表；
6—液压箱；
7—变速箱；
8—调速电机控制器；
9—底座；
10—油泵电机开关；
11—主电机开关；
12—调速电机

图 2.7-1　HZS-1 液体动压轴承实验台总体布置

1. 传动机构

由调速电机经带传动和变速箱带动试验轴承主轴，可在 $120\sim1200$ r/min 范围内无级调速。主轴转速 $n=$ 表头读数 $/i$（高速时 $i=1$；低速时 $i=6$）。

2. 试验轴承箱（见图 2.7-2）

试验滑动轴承空套在主轴中央，轴承上方有一个与箱体相连接的加载盖板，与轴承外圆相配的内表面开有 60 cm² 投影面的矩形油腔，构成对轴承加载的静压油垫。若加载压力表油压为 p_0，并计入试验轴和包括压力表、平衡块重量在内的 8 kg 重量，则轴承上的垂直载荷为

$$F_0 = 60p_0 + 8 \qquad\qquad (2.7-1)$$

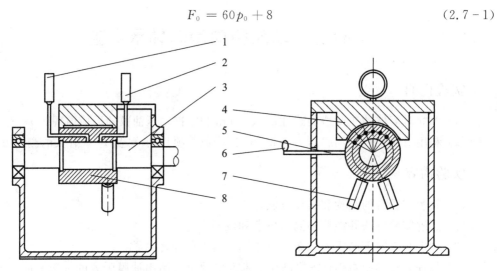

1—与周向测压孔相连的7只压力表；2—与轴向测压孔相连的8号压力表；
3—主轴；4—加载盖板；5—测杆；6—测环；7—两平衡锤；8—试验轴承

图 2.7-2　实验轴承箱

轴承中剖面承载区上 $120°$ 范围内均布七只压力表。在轴向离端部 $L/4$ 处又布置了一只测轴向压力分布的压力表。

3. 静压加载和油路系统

静压加载情况如上所述，其油路系统如图 2.7-3 所示。

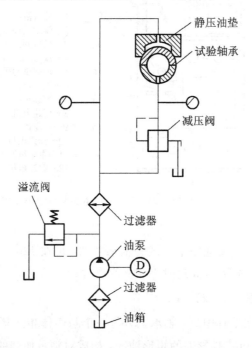

图 2.7-3　液压箱油路图

四、测试内容和计算方法

1. 油膜压力分布

承载区各点的油腔压力可由安装在相应位置上的压力表直接读取并记录。

2. 润滑油温度和粘度

轴承进油温度 $t_{进}$，可用玻璃棒温度计或半导体点温计实测加载流出油温得到，查图 2.7-4 得到平均出口油温 t_m，粘度 $\eta(P_a \cdot s)$ 可由图 2.7-5 直接查得。

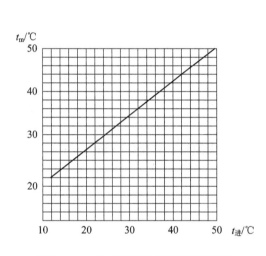

图 2.7-4 进油温度与平均温度的关系

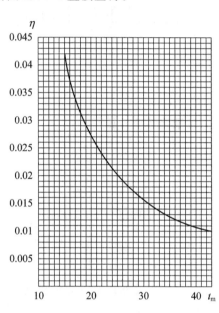

图 2.7-5 油温与粘度的关系曲线（10# 机油）

3. 摩擦系数

图 2.7-6 是测量摩擦系数的原理图，图 2.7-7 是拉力杆原理图。轴承外圆测力杆与拉力计吊钩相连，油膜摩擦力将带着试验轴承朝轴旋转的方向转动，但又受到拉力计的约束，结果使拉力计的重锤圆盘及指针旋转某一角度而平衡，此时可读得表中的拉力 G（单位 gf）。

摩擦系数可由下式求得：

$$f = \frac{2GL}{dF_0} = 5 \times 10^{-3} \frac{G}{F_0} \qquad (2.7-2)$$

式中，G 为拉力计读数（gf）；d 为轴承内径，$d = 60$ mm；F_0 为垂直载荷 [kgf（1 kgf = 9.80665 N）]。

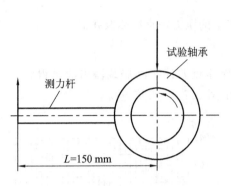

图 2.7-6　摩擦力矩测量原理

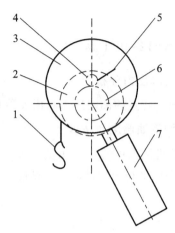

1—吊钩；2—圆盘；3—表盘；4—小齿轮；
5—指针；6—大齿轮；7—重锤

图 2.7-7　拉力杆原理

4. 轴承特性值计算

$$\lambda = \frac{\eta \cdot n}{p} \qquad\qquad (2.7-3)$$

式中，η 为润滑油粘度$(P_a \cdot s)$由图 2.7-5 查得；n 为实测轴承转速(r/min)；$p = \dfrac{9.81F_0}{60 \times 60} = 2.725 \times 10^{-3} F_0 \, (\text{N/mm}^2)$（轴承比压）。

根据以上 f 和 λ 画出曲线。

5. 实测压力分布近似计算承载量

计算承载量的公式如下：

$$F = \frac{2}{3}LR\theta \sum_{i=1}^{7} p_i \sin\theta_i = \frac{4}{3}\pi \sum_{i=1}^{7} p_i \sin\theta_i \qquad (\text{kgf}) \qquad (2.7-4)$$

式中，p_i 为实测表压值(kgf/cm^2)；相应的 $\theta_i = 30°，50°，70°，90°，110°，130°，150°$。

五、实验步骤

（1）启动油泵电机，变速手柄置于左边（低速挡），调节控制器旋钮使转速表指针在最低位置。

（2）启动主电机，调节转速表指针至 $100 \sim 200$ r/min，方可将变速手柄扳到右边（高速挡），调节转速达到 1000 r/min，调节加载供油表压力 $p_0 = 4$ kg/cm^2，稳定后，读出并记录压力表值。

（3）测量摩擦特性曲线是通过连接测力计，并依次降低转速，读出并记录相应转速下的测力计上 G 值（当到 120 r/min 时应变换到低速挡，再往下降速）。

（4）拉力计吊钩只有在测量摩擦力时才挂上，一般都应用挡块钩上。

（5）在混合摩擦区工作时，各项操作应尽量迅速，以免磨损试验轴承。

（6）卸载后再关主电机，最后关油泵电机。

实 验 报 告

姓名		学号		班级	
组别		实验日期		成绩	

一、实验目的

(1) 建立对流体动压润滑的感性认识，理解和掌握动压油膜的形成原理。

(2) 利用实验台作油膜压力分布、摩擦系数等项目的测定，掌握有关的测试方法。

二、实验设备

本实验的实验设备是 HZS－1 型液体轴承实验台。

三、实验数据

1. 实验条件

(1) 轴承参数：

$d×L/(\text{mm}×\text{mm})$	直径间隙 $δ/\text{mm}$	材料	表面粗糙度/μm
60×60	0.007	6－6－3青铜	1.6

(2) 主轴参数：

材料	光洁度
45 号钢	3.2

(3) 润滑油参数：

润滑油牌号	工作温度 t_m	粘度 $η$
10 号机械油	℃	$P_a·s$

2. 测试数据的整理

加载表压 p_0	供油表压 $p_供$	转速 $n/(\text{r/min})$	周向压力分布（表压）/(kgf/cm^2)							轴向压力	进油温度 $t_进/℃$
			1	2	3	4	5	6	7		

轴转速 $n/(\text{r/min})$	1000	800	600	400	200	100	50	20
拉力计 G/g								
摩擦系数 f								
特征值 $λ$								

3. 计算

（1）加载量 $F_0 =$

（2）近似计算承载量 $F =$

4. 油膜周向压力分布曲线和轴向压力分布曲线的绘制

5. 轴承特性曲线 $f—\lambda$ 的绘制

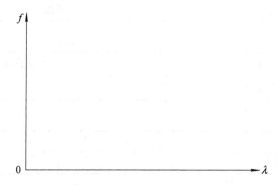

6. 实验结果分析

（1）影响液体动压轴承的承载能力及其油膜形成的因素有哪些？

（2）当转速增加或载荷增大时，油压分布曲线如何变化？

（3）为何摩擦系数会随转速的改变而改变？

实验八　轴系结构设计与分析实验

一、实验目的

（1）了解与认识轴系结构，掌握轴系结构的基本形式，熟悉轴、轴承和轴上零件的结构、功能和工艺要求。

（2）按要求进行轴系的设计与拼装，掌握轴系零部件的定位和固定、装配与调整、润滑与密封等方面的原理和方法。

（3）通过轴系结构的拼装实践及对轴系结构的分析，培养学生的轴系结构设计能力，为理论学习及课程设计打下良好的基础。

二、实验设备及工具

（1）组合式轴系实验箱，包括轴及轴上零件：齿轮、蜗杆、轴承、轴承座、端盖、套杯、套筒、圆螺母、轴端挡板、止动垫圈、轴用弹性挡圈、孔用弹性挡圈、螺钉、螺母、带轮、联轴器等。

（2）钢尺、游标卡尺、装拆工具、铅笔、记录纸等。

三、实验内容

按要求进行轴系的设计与拼装，检查所装配轴系是否转动灵活、装配正确，并进行轴系结构分析。

四、实验步骤及要求

（1）打开轴系实验箱，熟悉、认识箱内零部件。

（2）按要求进行轴系的设计，画出轴系组合结构装配草图。

（3）根据装配草图，在轴系实验箱中将所需零件及标准紧固件选配齐全。

（4）按装配草图的顺序在底板上一步步进行组装，直到完全符合装配草图为止。

（5）转动轴类旋转零件，检查所装配轴系是否转动灵活、装配正确。

（6）检查轴系结构设计是否合理，若发现错误或不合理之处，应修改轴系结构设计方案，并重新组装轴系结构。合理的轴系结构应满足以下条件：

① 轴上零件分别在轴向及周向上定位可靠和固定；

② 轴上零件方便装拆，符合装配工艺要求；

③ 轴的结构有较好的加工工艺性；

④ 有合理的轴承组合设计，符合给定设计条件（轴承类型选择；轴承内外圈的固定方式，该端轴承是作为固定端还是游动端；轴承的装拆工艺性；轴承的润滑及密封；轴承间隙的调整等）；

⑤ 锥齿轮轴系和蜗轮轴系的位置在轴向上能够调整，以满足啮合要求。

（7）对所装配轴系进行结构分析。

（8）测量并记录各个零件的实际结构尺寸。

（9）拆卸轴系各零部件，放回轴系实验箱内的规定位置。

（10）在实验报告上完成轴系结构装配图（按 1∶1 比例），标注主要零件的配合尺寸。

实 验 报 告

姓名		学号		班级	
组别		实验日期		成绩	

一、实验目的

（1）了解与认识轴系结构，掌握轴系结构的基本形式，熟悉轴、轴承和轴上零件的结构、功能和工艺要求。

（2）按要求进行轴系的设计与拼装，掌握轴系零部件的定位和固定、装配与调整、润滑与密封等方面的原理和方法。

（3）通过轴系结构的拼装实践及对轴系结构的分析，培养学生的轴系结构设计能力，为理论学习及课程设计打下良好的基础。

二、实验设备及工具

（1）组合式轴系实验箱，包括轴及轴上零件：齿轮、蜗杆、轴承、轴承座、端盖、套杯、套筒、圆螺母、轴端挡板、止动垫圈、轴用弹性挡圈、孔用弹性挡圈、螺钉、螺母、带轮、联轴器等。

（2）钢尺、游标卡尺、装拆工具、铅笔、记录纸等。

三、思考题

（1）按1∶1比例绘制轴系结构设计装配图，要求符合制图标准，标注主要零件的配合尺寸（零件序号、标题栏可略）。

（2）为什么轴通常要做成中间大两头小的阶梯形状？如何区分轴上的轴颈，轴头和轴身各轴段？它们的尺寸是如何确定的？对轴各段的过渡部分和轴肩结构有何要求？

（3）轴承采用什么类型？选择的根据是什么？它们的布置和安装方式有何特点？

（4）轴系固定方式是用"两端固定"还是"一端固定，一端游动"？为什么？如何考虑轴的受热伸长问题？

（5）轴承和轴上零件在轴上位置是如何固定的？轴系中是否采用了轴用弹性挡圈、挡圈、锁紧螺母、紧定螺钉和定位套筒等零件？它们的作用是什么？

（6）传动零件和轴承采用何种润滑方式？轴承采用何种密封装置？有何特点？

四、实验心得与体会

实验九 摩擦磨损实验

一、实验目的

(1) 建立对摩擦磨损的感性认识,理解和掌握各种金属材料以及非金属材料(尼龙、塑料等)在滑动摩擦、滚动摩擦、滚动滑动复合摩擦和间歇接触摩擦各种状态下的耐磨性能实验。

(2) 模拟各种材料在不同的摩擦条件下进行湿摩擦、干摩擦以及磨料磨损。

(3) 利用实验机掌握有关材料的摩擦系数及摩擦功的测定方法。

二、实验内容

(1) 熟悉实验台的结构和操作方法。

(2) 了解实验方法并安装试样。

(3) 利用称重法评定材料的耐磨性能。

(4) 计算出滚动摩擦、滑动摩擦、滚动滑动复合摩擦的摩擦系数。

(5) 绘制滚动、滑动摩擦系数曲线图。

三、实验设备

1. 上下试样轴的运转

双速电机通过三角皮带、齿轮带动下试样轴,使下试样轴以 200 r/min(或 400 r/min)的速度转动;通过蜗杆轴,滑动齿轮和齿轮传递,使上试样轴以 180 r/min(或 360 r/min)的速度转动。当上下试样轴都转动且两试样直径相同时,由于上下试样轴转速不同,(除滚动摩擦外),在试样之间传动带有 10% 的滑动率,使试样之间产生滑动摩擦。改变试样直径,可使滑动率增大或减小,如要提高滑动速度,则将滑动齿轮移至右端与反向齿轮啮合,使上试样反向旋转即可。为了防止实验时螺帽松动,使下试样轴上的螺纹是左旋的,而上试样轴上的螺纹是右旋的。

2. 上试样轴的固定

当做滑动摩擦实验时,为使上试样轴不转动,应将滑动齿轮移至中间位置,齿轮必须用销子固定在摇摆头上。

3. 上试样轴水平往复移动和垂直运动

上试样轴在水平方向上的往复移动是借助轴上的偏心轮实现的。其往复运动有两种:快速时,首先将伞齿轮用销钉固定在蜗杆轴上,利用伞齿轮传动;慢速时,将销钉拔出,使伞齿轮自由地安装在蜗杆轴上,而轴的转动是直接通过蜗杆轴,蜗轮及小齿轮传动得到的。当下试样轴以 200 r/min 的速度运转时,上试样轴水平往复运动的频率为:快速时,

231次/min；慢速时，16次/min。其往复移动的距离，可以选配不同厚度的键在±4 mm的范围内进行调整。

当做间歇接触摩擦实验时，其加载荷与卸载荷是靠摇摆头垂直方向移动而实现。垂直方向的移动是通过轴上的偏心轮和滚子来实现的。其移动距离可通过调整螺杆螺帽来进行调整。其垂直往复移动速度与水平往复移动速度相同。

4．两试样之间作用负荷的调整

试验时，两试样之间的压力负荷在弹簧的作用下获得，负荷的增大或减少，可用螺帽进行调整，负荷的数值从标尺上读出。弹簧有两种，可根据负荷的范围选用，不同负荷范围必须选用相应范围的标尺（刻度在标尺的正反两面）。

5．摇摆头重心的平衡

由于试样直径的变化（30～50 mm），摇摆头摇摆的角度相应变化，摇摆头的重心也随着变化，使摇摆头产生不平衡，为此在轴上刻有校验好的与试样直径相应的刻线（30～50），可根据试样的直径将平衡砣（重砣）的端面与试样直径相对应的刻线对正，从而实现对摇摆头的平衡。

6．摩擦力矩的测定

摩擦力矩等于下试样半径与摩擦力的乘积，此摩擦力矩可用摆架来测量。实验时，可根据摩擦力矩的范围选用重砣，由于在摩擦力的作用下，摆架离开铅垂位置而仰起一角度，指针随之而移，在可卸的标尺上指针所指之数值即为所测之摩擦力矩（标尺有四种刻度，都对应于一定的力矩范围）。

在实验过程中应选择最小的力矩范围，以便获得最高的灵敏度或摩擦力矩读数的最高精度。例如，测定的摩擦力矩为80 kgf·cm时，试验摩擦力矩的范围应选100 kgf·cm，而不应选150 kgf·cm，如果在实验前不能确定试验摩擦力矩的大小，可选用最大摩擦力矩范围（150 kgf·cm）进行试验几分钟，然后根据试验所得的摩擦力矩示值，确定适当的实验摩擦力矩范围。

为了调整不同的摩擦力矩范围，可在摆架上加上或卸去重砣。

7．描绘记录装置

在实验过程中摩擦力矩常随表面质量因磨损发生的变化而变化，描绘记录装置能自动描绘出摩擦力矩值的变化与摩擦行程长度之间的关系曲线。

描绘记录纸全长为80 mm，相当于所选取的摩擦力矩范围的最大值，如果选取的摩擦力矩范围为150 kgf·cm，则记录长度1 mm等于150/80＝1.875 kgf·cm；如果选取的摩擦力矩范围为100 kgf·cm，则记录长度1 mm等于100/80＝1.25 kgf·cm。其余依此类推。

描绘筒的转速是同下试样轴的转速成正比的。描绘筒轴带有一个调节管，调节管上有两个齿轮，变更调节管上齿轮的啮合位置，描绘筒可得到两种不同的速度：高速和低速。根据描绘筒的旋转位移能确定摩擦所经过的路程，或确定下试样轴在实验过程中的转数。

假设原试样的直径为 1 cm，而描绘记录纸的理论前进量为 1 cm，则相应的摩擦行程应为：

（1）若上试样固定不转，下试样旋转，则高速时，记录纸前进 1 cm 等于 5 m（摩擦行程）；低速时，记录纸前进 1 cm 等于 250 m（摩擦行程）。

（2）若上下试样（直径均为 1 cm）都转动，下试样比上试样快 10%，则高速时，记录纸前进 1 cm 等于 0.5 m（摩擦行程）；低速时，记录纸前进 1 cm 等于 25 m（摩擦行程）。

（3）同样若不计算摩擦作用所经过的路程，而计算下试样的转数时，可表示为：高速时，记录纸前进 1 cm 等于 160 转；低速时，记录纸前进 1 cm 等于 8000 转。

四、实验机的操作要求

1. 实验前的准备

磨损实验方法应根据实际应用的磨损条件来选择，以便获得更准确的耐磨性能。按照所选择的磨损实验方法，根据有关规定，制作出合格的试样。

操作者必须熟悉本机的结构特点和操作要求。

2. 实验机的操作

滑动摩擦实验的实验机操作方法如下：

（1）将滑动齿轮向右移至中间位置，并用螺钉固定，同时必须用销子将齿轮固定在摇摆头上。

（2）松开螺帽，按要求选配件，调整好往复移动的距离，然后将螺帽紧固。

五、摩擦功及摩擦系数的测定方法

1. 摩擦功的测定

根据齿轮的传动比关系，下试样轴每转 1 转，摩擦盘的转数为 0.0162 转。当下试样轴转 100 转时，摩擦盘转 1.62 转。摩擦盘的有效半径为 80 mm，小滚轮的直径为 41.3 mm。

摩擦盘转 1 转，小滚轮转 $2 \times 80\pi/41.3\pi = 3.874$ 转，所以下试样轴转 100 转时，小滚轮转 $1.62 \times 3.874 = 6.28 = 2\pi$ 转。

当力矩为最大值 M，且下试样轴的转数为 N 时，小滚轮的转数应为

$$\frac{2 \times 80\pi}{41.3\pi} \times 1.62 \times \frac{N}{100} = \frac{2\pi N}{100} （转）$$

如果实际力矩为 m，那么下试样的转数为 N 时，小滚轮的转数为

$$n = \frac{2\pi m}{M} \times \left(\frac{N}{100}\right)$$

下试样轴转 N 转时，摩擦功

$$Q = 2\pi NRF$$

式中，R 为试样半径（cm）；F 为摩擦力（kgf）。

$RF=m$，即按刻度尺上所测的数值，以 kgf·cm 为单位，因此摩擦功

$$Q = 2\pi Nm \ (\text{kgf} \cdot \text{cm})$$

而 $N=\dfrac{100nM}{2\pi m}$，所以

$$Q = 100nM \ (\text{kgf} \cdot \text{cm}) \langle Q = nM \ (\text{kgf} \cdot \text{m}) \rangle$$

结果说明：在下试样轴转 N 转的某一段时间内，摩擦功等于小滚轮在这一段时间内的转数 n 与最大力矩 M 的乘积。

2. 摩擦系数的测定

（1）线接触实验（即滚动摩擦、滚动滑动复合摩擦实验）。

$$\mu = \frac{Q}{P} = \frac{T}{RP} \tag{2.9-1}$$

式中，μ 为摩擦系数；T 为摩擦力矩（是在标尺上实际指示出的力矩值（kgf·cm））；Q 为摩擦力（kgf）；P 为试样所承受垂直负荷（是在标尺上实际指示出的负荷（kgf））；R 为下试样的半径（cm）。

（2）2α 角接触实验（即滑动摩擦实验）

$$\mu = \frac{T}{RP} \times \frac{\alpha + \sin\alpha \ \cos\alpha}{2 \ \sin\alpha} \tag{2.9-2}$$

式中，α 为上下试样之间接触角；R 为下试样的半径（cm）；其他物理量含义同上。

（3）用摩擦功求平均摩擦系数

$$\mu = \frac{W}{2\pi RNP} \tag{2.9-3}$$

式中，W 为测量的实际摩擦功（kgf·m）；R 为下试样的半径（m）；N 为下试样的实际转数；其他物理量含义同上。

六、耐磨性能的评定方法

根据所选取磨损实验方法的不同以及材料本质的差异，可以选择不同的耐磨性能评定方法，以获得精确的实验数据，现简单列举下述几种方法以供参考。

1. 称重法

这种方法采用试样在实验前后的重量之差来表示耐磨性能。由于两试样之间的摩擦所引起的磨损量可以采用精度达万分之一的分析天平称量出试样实验前后重量之差而获得。试样在摩擦前后必须严格进行去油污、烘干后再进行称量，否则残余的油污会影响实验数据的准确性。

计算可按下式进行：

$$W = W_0 - W_1 \tag{2.9-4}$$

式中，W 为试样的磨损量；W_0 为试样在实验前的重量；W_1 为试样在实验后的重量。

2. 测量直径法

这种方法采用试样在实验前后直径的变化大小来表示耐磨性能。

（1）用测量微计（或其他测量仪器）测量试样实验前后的变化。

（2）本实验机所带小滚轮可用来精确测量试样直径实验前后的变化。

测量方法：使用时首先将装有小滚轮的支架拆下来装在试样轴轴承座的小轴附上，在实验前后把实验机各开一分钟或下试样在实验前后运转同样转数可得小滚轮转数 N_1 和 N_2，由此通过下列计算可得到磨损量 S。

如果

$$\pi D_0 N_1 = \pi D_1 N_0 \qquad (2.9-5)$$

$$\pi D_2 N_0 = \pi D_0 N_2 \qquad (2.9-6)$$

$$D_2 = D_1 - S \qquad (2.9-7)$$

则

$$\frac{D_1 - S}{D_1} = \frac{N_2}{N_1}$$

即

$$1 - \frac{S}{D_1} = \frac{N_2}{N_1} \qquad (2.9-8)$$

所以

$$S = D_1 \left(1 - \frac{N_2}{N_1}\right) \qquad (2.9-9)$$

式中，D_1 为试样试验前的直径；D_2 为试样试验后的直径；D_0 为小滚轮的直径；N_1 为磨损前一分钟内小滚轮的转数；N_2 为磨损后一分钟内小滚轮的转数；N_0 为试样每分钟的转数；S 为磨损量（mm）。

通过这个方法可以测出以长度为单位的磨损值，如果再加以计算便得出以重量为单位的磨损量。

3. 切入法

这种方法采用磨痕宽度或磨损体积的大小来表示耐磨性能。在滑动摩擦情况下，上试样固定不动，可采用方形试样或圆形试样。当圆形试样对其进行滑动摩擦时，可产生不同宽度的磨痕，通过测量和计算，可得出大小不同的磨痕宽度或磨损体积，由此比较材料的耐磨性能。

七、实验步骤

（1）先将试件在汽油中洗干净并擦干。

（2）将试件放入电子分析天平上称重并记录初时试件重量。

（3）将试件装入实验机中并记录初时转数。

（4）若干时间后将试件停止运转，记录结束时的转数并拆下试件。

（5）将拆下的试件洗干净并擦干，将试件放入电子分析天平内称重，并记录结束时的试件重量。

（6）计算出磨损量。

实 验 报 告

姓名		学号		班级	
组别		实验日期		成绩	

一、实验目的

（1）建立摩擦磨损的感性认识，理解和掌握各种金属材料以及非金属材料（尼龙、塑料等）在滑动摩擦、滚动摩擦、滚动滑动复合摩擦和间歇接触摩擦等各种状态下的耐磨性能实验。

（2）模拟各种材料在不同的摩擦条件下进行湿摩擦、干摩擦以及磨料磨损。

（3）利用实验机掌握有关材料的摩擦系数及摩擦功的测定方法。

二、耐磨性能的评定（称重法）

材料 A	加载重量 P/g	初时试件重量 W_1/g	结束时试件重量 W_2/g	初时转数 $n_1/(r/min)$	结束时转数 $n_2/(r/min)$	磨损量 S/g	运转时间 T/s

第三章　研究和创新型实验

实验一 机械创新设计认知实验

一、实验目的

(1) 了解机械创新设计的基本原理与基本方法，启迪创新思维，提高创新意识。

(2) 了解机构创新设计和结构创新设计的基本途径与方法，提高创新设计能力。

二、实验设备

机械创新认知实验柜，其陈列内容见表 3.1－1。

表 3.1－1 机械创新设计认识实验柜

名　称	内　容
1. 创新设计概述	A. 机车创新设计 蒸汽机车、内燃机车、磁悬浮列车、磁悬浮模型 B. 磁悬浮列车说明 磁悬浮列车说明、创新设计特点
2. 创新思维方式	A. 发散、求异思维 夹紧装置(6 种方案)、无曲轴发动机、旋转式发动机、旋转式发动机 B. 夹具设计方案、创新设计说明(图)
3. 产品创造技法(一)	A. 希望点列举法、缺点列举法 (贝特)数码净水机、普通型龙头、冷热型龙头、磁芯型龙头、缝纫机头(旧式)、微型缝纫机、锁边机 B. 创造技法简介、创新设计说明(图)
4. 产品创造技法(二)	A. 组合创造法、移植创造法 (欧欧)眼保仪、电子积木、三头电动剃须刀、多用工具(2 把)、射钉枪、电锤 B. 创造技法简介、创新设计说明(图)
5. 原理方案创新(一)	A. 钟表原理创新、打字机原理创新 机械钟电子钟(2 台)、激光打印机、喷墨打印机、喷墨打印机部件 B. 问题求解模式、创新设计说明(图)
6. 原理方案创新(二)	A. 锁具原理创新、炉具原理创新、鼓风机原理创新 机械锁、密码锁、磁卡锁、电磁炉、离心式鼓风机、二直叶罗茨鼓风机、三扭叶罗茨鼓风机 B. 问题求解模式、创新设计说明(图)
7. 机构创新设计(一)	A. 机构组合创新、机构变异创新 串联式组合机构、并联式组合机构、反馈式组合机构、六杆机构、六杆机构(低副高代 a)、六杆机构(低副高代 b)、行星轮系-连杆机构、凸轮-连杆机构 B. 机构创新途径、创新设计说明(图)

名　　称	内　　容
8. 机构创新设计(二)	A. 执行机构设计、压片机设计 压片机工艺图、压片机方案 a、压片机方案 b、压片机方案 c、压片机方案 d、压片机方案 e B. 机构构型过程、创新设计说明 压片机功能-技术矩阵(图)
9. 结构方案创新	A. 功能面变异、结构方案比较 功能面变异设计、支承面方案、摆杆与推杆接触面方案、滚动轴承组合结构、快动连接结构(3 件) B. 结构创新途径、创新设计说明(图)
10. 外观创新设计	A. 打火机宜人设计、机电产品艺术造型 B. 各种新型打火机(7 件)、小型吸尘器 C、小型吸尘器 A、挖掘机 外观创新程序、创新设计说明、产品外观创新设计、说明

三、实验内容

机械创新设计陈列柜,以典型的创新产品设计为实例,展示了机械创新设计的原理和方法,突出了产品创造技法、原理方案创新、机构创新、结构方案创新和外观设计创新等内容。

机械创新设计陈列柜由 10 个柜组成,分别是创新设计概述、创新思维方式、产品创造技法(一)、产品创造技法(二)、原理方案创新(一)、原理方案创新(二)、机构创新设计(一)、机构创新设计(二)、结构方案创新及外观创新设计。

1. 创新设计概述

(1) 创新设计源于实践。陈列柜中所示的蒸汽机车、内燃机车曾是人们创新设计的产物。磁悬浮列车更是创新设计的产物。

传统的列车通过车轮与轨道接触实现牵引运行,这种机械接触式轮轨关系有许多弊端,如摩擦磨损严重,机械噪声大,运行速度难以大辐度提升。为克服这些弊端,有人想出了让列车悬浮空中的创意。沉重的列车怎样才能悬浮起来呢? 要解决这一问题,必须进行创新设计。

经过创新设计,磁悬浮列车诞生了。它利用超导磁体产生强磁场,运动时与布置在地面上的线圈相互作用,产生电动斥力,将列车悬浮于空中约 100～200 mm。再用线性电机驱动,使列车高速前进。磁悬浮列车克服了传统机车车辆轮轨机械接触引起的弊端,可望成为一种新型陆上交通运输工具。

(2) 设计是将创意转化为技术方案的过程,它对产品的技术水平和经济效益起着决定性的作用。针对同一设计课题,可能有不同的设计方案,创新设计追求具有新颖性、独特性的技术方案。所谓机械创新设计,是指设计者的创造力得到充分发挥,并设计出更具竞争力的机械新产品的设计实践活动,创新是它的灵魂。根据设计的内容特点,创新设计可分为开发设计、变异设计和反求设计等基本类型。

　　开发设计是从产品应有的功能出发，去构思新的技术方案，开发满足消费新需求的机械新产品。开发设计通常历经产品规划、原理方案求解、技术设计和施工设计等阶段。

　　变异设计是针对已有产品的缺点或新的工作要求进行的改进设计。它通常针对基型产品的工作原理、机构类型、结构方式、参数大小等进行一定的变换或求异，其目的在于使变异后的产品更适应市场需求。

　　反求设计是针对已有的先进产品或设计进行逆向思考，分析其关键技术，并在消化、吸收的基础上设计出同类型新产品的过程。

　　机械创新设计通常包括原理方案创新、机构方案创新、结构方案创新和外观设计创新等活动。创新思维和创造技法是一切创新设计方法的基础。

2. 创新思维方式

　　创新设计是创造性思维劳动，不仅需要机械设计方面的知识，而且需要创新思维方式的支持。

　　创新思维是一种突破常规的、用新思路去求解问题的思维方式，它具有发散性和求异性。因此，发散思维与求异思维是创新思维最基本的思维方式。

　　下面介绍弹簧施力夹紧装置创新设计的实例。夹紧装置通常用于加工时夹持工件，或者用于在浮花压制或印刷时施加大的力。从结构上看，它是一个具有四个构件和六个运动副的装置：一个包含工件的固定杆、两个夹紧杆，以及一个弹簧；四个转动副和两个直接接触的高副。一个设计者在此基础上进行发散思维和求异思维，可以构思出多种其他夹紧装置的新方案。

　　下面介绍发动机创新设计的两个实例。内燃发动机是常见的动力设备。往复式活塞内燃发动机的主体机构是曲柄滑块机构，在结构上离不开曲轴、活塞、气缸等零部件。在使用中，人们发现它存在不少技术矛盾，于是开始了新型发动机的研制，无曲轴式活塞发动机就是其中的一种。它没有曲轴，以凸轮机构代替传统发动机原有的曲柄滑块机构。取消原有的关键曲轴，是创新思维的体现，因为这种设计可使零件数量减少，结构简单，成本降低。若将圆柱凸轮安装在发动机中心部位，可在其周围设置多个气缸，制成多缸发动机。通过改变凸轮轮廓形状，可以改变输出轴转速，达到减速增矩的目的。这种凸轮式无曲轴发动机已应用于船舶、重型机械和建筑机械等行业。

　　在改进往复式发动机的过程中，人们发现如能直接将燃料的动力转化为回转运动将是更合理的途径。基于这种思维，旋转式内燃发动机的设计脱颖而出。旋转式发动机由椭圆形的缸体、三角形转子、行星齿轮机构、吸气口、排气口和火花塞等组成。运转时同样有吸气、压缩、燃爆做功和排气四个动作。由于三角形转子有三个弧面，因此每转一周有三个动力冲程；三角形转子的每一个表面与缸体的作用相当于往复式的一个活塞和气缸，依次平稳连续地工作；转子各表面还兼有开闭进排气阀门的功能，设计可谓独具匠心。与传统的往复式发动机相比，在输出功率相同时，旋转式发动机具有体积小、重量轻、噪声小、旋转速度范围大以及结构简单等优点。

3. 产品创造技法(一)

　　机械创新设计需要一定的方法与技巧，设计者除了掌握机械设计课程介绍的专业性设计方法外，还应掌握源自创造学的通用性创造技法。创造技法较多，下面首先介绍希望点列举法和缺点列举法的应用，这两种创造技法也常常配合应用。

数码净水机的开发设计综合应用了希望点列举法和缺点列举法。随着人们对健康的关心，自然希望能饮用清洁卫生的自来水。根据这一希望，人们提出了"净水机"的新产品概念，并开发出多种净水产品。数码净水机则是在分析已有净水产品缺点的基础上，开发设计的新型净水机。这种数码净水机利用自来水本身的压力工作，在设计上采用了最新的膜分离技术，高精度过滤，更能有效滤除自来水中的细菌、铁锈和部分对人体有害的有机物与金属，保留水中有益矿物质；能滤除水中胶体，不会形成水垢；采用先进的数码技术与水质监测技术，能自动监测和控制用水水质，自动报警，提示维护，时刻保证用水安全与人身健康。

对于与用水相关的水龙头，人们同样希望它也能不断克服缺点，在功能与性能方面不断完善。在对普通水龙头进行缺点列举并进行改进设计之后，人们开发设计出冷热两用水龙头、磁芯型水龙头、光电水龙头等新产品，满足了不同的希望与需求。

缝纫机是一种常见的轻工机械，已有多年历史，在功能与性能方面已能完全满足人们的希望，但它在技术上并非尽善尽美。人们发现缝纫机机头的挑线机构采用凸轮机构而存在磨损严重、噪声较大的缺点后，便改进设计，用连杆机构取而代之。传统的缝纫机是用人力驱动的，长期使用劳动强度大，为了满足人们降低劳动强度、提高工作效率的希望，电动缝纫机应运而生。

迷你型电动缝纫机也是人们列举缝纫机缺点和希望点的产物。这种微型缝纫设备满足了一些外出旅游者、在校学生等消费群体对缝补衣物的需要。

在不断完善缝纫机本身的同时，人们也希望与缝纫工作相关的机械能得到发展，以进一步提高衣物缝制质量与工作效率。于是，三线锁边机、钉扣机、剪裁机和熨衣机等缝纫系列产品相继问世，为缝纫业的发展提供了重要的物质保证。

应用希望点列举法开发设计新产品，是从社会需要或消费者愿望出发，通过列举希望点，将模糊的需求意愿转化为明确的新产品概念，并进行方案设计的过程。用好希望点列举法，关键是做好市场调查与需求分析，为了抢占市场商机，尤其要掌握潜在希望点的列举方法。

应用缺点列举法，对促进产品的更新换代意义重大。用好缺点列举法，同样需要做好市场调查与需求分析，对产品的质量标准以及技术发展动态等问题，设计者更要胸有成竹。

4. 产品创造技法(二)

本柜主要介绍移植创造法与组合创造法。

在陈列柜里展示了两件电动工具。

第一件是射钉枪。它是一种电动木工工具，由枪体、发射器及钉匣等组成，用手勾动按钮，铁钉从枪口射出，牢固地进入木材之中，省力而且高效。据发明者介绍，其创意来自枪械的子弹发射。在射钉枪的设计过程中，类比移植了枪械发射子弹的基本原理，就连结构形状与使用方法也与枪械甚为相似。请大家想想，如果将铁钉换成其他东西，又会发明出什么新东西呢？

第二件电动工具是电锤。通电后，电动机通过齿轮传动使钻头一边旋转一边产生轴向冲击力。应用这种电动工具在水泥墙上钻孔打洞，可谓得心应手。请读者观察它的结构原理与运动方式，它的设计是否移植了电钻与冲击锤的原理？

"他山之石，可以攻玉。"运用移植法则，通过引用或外推已有技术成果，用于创新设计的方法，就是移植创造法。移植设计的实质是异中求同和同中求异。

用好移植创造法，关键是找好移植过程中的供体与受体。供体的技术要成熟，受体在接受技术时不发生排他作用。此外，应用移植法的创造性取决于两个技术领域之间的差异，差异越大，创造性越强，但难度也越大。因此，既要大跨度地"异域走马"，又要正确把握移植的限度，确保一个领域的技术能在另一个领域开花结果。

除了移植和发掘现有的技术进行创造之外，通过组合也可以利用现有技术进行创新。将已有事物珠联璧合，使新的组合体在性能或服务功能方面发生变化，以产生新的使用价值的方法与技巧，就是组合创造法。从简单的多用途工具，到较复杂的组合机构，以及更复杂的机电一体化产品，都蕴含着组合创新的智慧。

实施组合创造，可以采用同物自组、异类组合、分解重组等组合方式。陈列柜展示的三头电动剃须刀，可以认为是三个电动剃须刀的同物自组。能够应用一个电动机同时带动三个刀盘转动，其传动方式的设计无疑具有创造性。

在陈列柜里看到的电子积木，是一种开发儿童智力的玩具。从设计方法上看，它既移植了传统积木玩具的构思，也应用了分解重组的创造技法。

陈列柜里还展示了一种叫"眼保仪"的新产品。据"眼保仪"设计者介绍，本产品是根据视觉原理，巧妙地将现代电子技术、光学技术与传统的中医经络理论相结合的仪器。在结构设计方面，"眼保仪"设置了目标图像，该图像通过微电机和连杆传动，能按一定的周期做前后往返有节律的慢速移动。当人用眼睛通过镜筒观察图像时，负责眼屈光系统调节作用的睫状肌就不由自主地做忽张忽弛的锻炼，进而解除睫状肌的紧张或痉挛状态，使其调节恢复到正常状态，增强眼的调节功能，防治近视，消除视觉疲劳，改善视力，防止近视度数加深。

显然，"眼保仪"的开发设计在功能原理上移植了眼科保健治疗的技术，在结构设计上应用了组合创造法，即将多个领域的技术加以综合，在异类杂交中有了新创造。

值得指出的是，采用组合法进行机械创新设计时，要注意按照性能上实现 $1+1>2$、结构上达到 $1+1<2$ 的要求去设计技术方案。也就是说，组合法不是机械之间的简单堆砌，而是有机地综合优化。

5. 原理方案创新（一）

原理方案创新是产品创新设计中的核心环节，它对产品的结构、工艺、成本、性能和使用维护等都有很大影响。

最早发明的钟表采用机械传动原理，它利用上紧的发条或游丝释放能量，通过齿轮系统使指针转动，从而指示时间。无论人们对钟表进行怎样的研究改进，都跳不出机械结构的框框，觉得任何一个齿轮和轴都不可缺少。如果要改进，最多也只能在选材和加工方法上进行一点创新。后来，人们从钟表的"指示时间"这一功能要求出发进行思考，认为凡是满足这一功能要求的东西都是钟表。于是，人们广开研究思路，想到了电动的方法、电子震荡的方法等，开发出功能强、成本低的电子钟表。

打字机的原理方案也是多种多样的。陈列柜里展示的有喷墨打字机和激光打字机，它们是打字机产品不断创新的代表。传统的机械式打字机离不开铅字的集合与机构的敲打，速度慢，质量不高，劳动强度大。后来，人们从打字机的"机械书写"的功能出发，跳出了

"打"的框框，依靠先进的计算机，发明出智能化的喷墨打字机和激光打字机，实现了打字机的革命。

通过以上案例我们可以发现，如果从产品的功能出发而不是从产品具体的结构出发，设计的思路就会打开，原理方案也会多种多样。

功能是产品或技术系统特定工作能力抽象化的描述。从产品或技术系统应具有的功能出发，经过功能分解、功能求解、方案组合、方案评选等过程，以求得最佳原理方案的设计方法，就是功能设计法，它是原理方案创新的最重要的一种方法。

原理方案创新是个发散-收敛过程。为了探求多种方案，人们必须从功能分析得到的信息基点出发，进行发散思维；为了好中选优，又必须应用收敛思维，依据技术经济评价的方法去获得最佳原理方案。

6. 原理方案创新(二)

柜中有三种锁具。这些锁具看起来样子相像，但锁具开启的原理是有差别的。最左边的是依靠钥匙开启的机械锁；中间的是密码锁，同依靠钥匙开启的机构锁的开启原理不同，但在结构原理上还属于机械锁的范围；最右边的是磁卡锁，虽然在锁体方面还继承了机械锁的形态，但在开锁原理上发生了根本性的变革，它的机电一体化特点是现代锁具创新设计的思考方向。当然，只要我们进一步解放思想，从锁具的功能出发创造性思考，还可以发明出诸如磁控锁、声控锁和指纹锁等锁具新产品。

电磁炉的功能是加热食物，但与传统的电阻丝炉具不同的是，它在烹饪食物时看不到明火或热得通红的电阻丝，其烹饪原理是：当通电后炉内线圈形成磁场，磁力线通过金属锅具底部时形成无数小涡流，使锅体高速发热，便能加热锅内食物。电磁炉具有无污染和热效率高的优点。

柜中还有三种鼓风机。最左边的是离心式鼓风机，它通过一个离心式叶轮旋转，实现增压送风的功能原理。后面的两台是罗茨鼓风机，它的送风原理不同于离心式鼓风机，它利用一对叶轮啮合运动，实现变容增压送风的目的。回转容积式罗茨鼓风机的发明是流体机械领域的一项重大突破。在两台罗茨鼓风机中，有一台是目前大量生产的二直叶罗茨鼓风机，另一台是三扭叶罗茨鼓风机。后者的特点是比容不随压力而变化，压力可以根据用户要求在一定范围内加以调节。虽然它的工作原理没有变化，但在工作性能方面有所改进，突出的特点是降噪节能。

总之，原理方案创新是从功能要求出发，以原理方案设计为目标的分析与综合过程。在这一过程中，设计者的专业知识、创新思维能力、实验研究能力，以及对相关科技信息的掌握，是确保原理方案创新成功的基础。

7. 机构创新设计(一)

一个好的机械原理方案能否实现，机构设计是关键。机械原理课程中介绍的机构，可以供人们选择应用。在机构设计中，同样需要进行创新。机构创新设计的途径较多，常用的有下面几种：

其一，利用组合原理创新。典型的例子是组合机构的开发设计。本柜上方陈列有三种组合机构。

(1) 四杆机构与差动轮系的串联组合。串联组合的特点是：前一机构的输出构件和输出运动即是后一机构的输入构件和输入运动。本组合机构可以实现输出构件带停歇的特殊运动规律。

（2）曲柄摇杆机构与轮系的并联组合。并联组合的特点是：原动机的运动通过 n 个并列基本机构的传递和转换，成为 n 个不同规律的输出运动，再输入具有 n 个自由度的基础机构，汇集成一个运动输出。这类并联组合机构既可实现复杂的运动函数，也可用于实现特殊的复杂轨迹。

（3）蜗杆蜗轮机构与凸轮机构的组合。等速转动的原动蜗杆带动蜗轮转动，槽形凸轮与蜗轮固联，通过弯形推杆使蜗杆相对滑架轴向移动，蜗轮获得附加运动，有利于对传动进行反馈调节。这种机构叫反馈式组合机构。

其二，利用机构变异原理进行机构创新设计。机构的扩展、局部结构的改变、结构的移植、运动副的变化等，都是机构变异的方式。在陈列柜中部陈列有三个六杆机构模型，左边的是基型，右边的两个主要是通过运动副的变化，即低副高代而得到的变异型六杆机构。第一个取六杆低副机构中的连杆作为代换构件，得到的是含有高副的凸轮-曲柄滑块机构。请大家思考：得到的第二个新型机构是如何变异的？

本柜还展示有通过局部结构改变进行机构创新的两个例子。一个是行星轮系-连杆机构，它是以行星轮系替代了曲柄滑块机构的曲柄，而得到滑块右极限位置有停歇的新机构；另一个是凸轮-连杆机构，它以倒置后的凸轮机构取代了曲柄，新机构具有停歇特征。

除了上述两条机构创新途径外，还可以利用再生运动链方法和广义机构的概念进行机构创新。

8. 机构创新设计(二)

在本柜中，以干粉压片机的主加压机构为例，展示执行机构构型设计的创新过程。

干粉压片机的功能是将不加粘接剂的干粉料制成圆形片坯，要求一定的生产率。根据生产条件和粉料的特征，设计者决定采用大压力压制。由于主加压机构所加压力大，因此用摩擦传动原理不合适；又因顾及系统漏油会污染产品，故液压传动原理也不合适。综上，设计者决定采用电动机作动力，选择刚性推压传动原理。

设计时，首先要进行压片工艺分析。在示教板中，对干粉压片机的工艺动作进行了分解。由此可知，该机械共需要三个执行机构，即上冲头、下冲头和料筛。现以上冲头主加压机构为例，说明其机构构型设计的创新过程。

首先对机构进行功能分析。上冲头主加压机构应当具有以下几种基本功能：

（1）运动形式变换功能：能将电动机的转动变换为冲头的直线移动。

（2）运动方向交替变换功能：实现冲头的往复直线运动。

（3）运动缩小功能：通过减少速度或者位移实现增加压力，从而减少电动机功率的目的。

在此基础上，可以选择实现各基本功能的技术手段。例如，针对运动形式变换功能，可以考虑在齿轮齿条机构、曲柄滑块机构和凸轮推杆机构中选择功能载体；针对运动方向交替变换功能，可以考虑在扇形齿轮机构、曲柄摇杆机构和凸轮摆杆机构中选择功能载体；针对运动缩小功能，可以考虑在直齿轮传动、杠杆机构和斜面挤压机构中选择功能载体。

将选择的功能载体按基本功能和基本机构列出组合表，即功能-技术矩阵，或者叫形态学矩阵。经过排列组合，理论上可以得到多种机构方案。通过分析判断，可以从中选择几种作为初步方案。本陈列柜展示了其中的五种方案，请大家观察根据这五种方案制作的上冲头主加压机构模型，对照它们的机构运动简图，分析思考各个方案的运动特点。

9. 结构方案创新

在原理方案确定的基础上，可以进行结构方案的创新设计，以提供大量的可供选择的设计方案，使设计者可以在其中进行评价、比较和选择，并进行参数优化。如何进行结构方案的创新设计？常用的方法有三种：一是对结构方案进行变异；二是进行提高性能的设计；三是开发新型结构。

对结构方案进行变异设计，主要是对功能面进行变异。所谓功能面，是指决定机械功能的零件表面，它通常是与相对运动零件接触的表面，如 V 带的侧面、齿轮的啮合面。在陈列柜左上方，以弹簧压紧结构变异设计为例，说明功能面变异的基本原理。如要实现用弹簧产生的压紧力压紧某零件，使其保持确定位置，可以选择弹簧类型和被压紧零件的功能面为变异要素，进行组合，便可得到多种弹簧压紧结构方案。

除了功能面变异外，还可以通过连接的变异、支承的变异、材料的变异等方式，获得不同的结构方案。

机械产品的性能不但与原理设计有关，也与结构设计的质量有关。提高性能的设计，不仅是一种结构方案创新的方法，同时也是结构设计应追求的目标。

陈列柜中有两个设计实例。第一个是关于对球面支承强度和刚度改善的结构变异设计。原设计为两个凸球面接触，综合曲率半径较小，接触应力大。改进后的方案能够提高支承的强度和刚度。第二个是关于摆杆与推杆的球面位置的设计，请大家观察分析，哪一种结构方案可以改善导杆运动中的力学特性。

在结构创新设计中，我们不仅要对原型结构进行变异设计，而且要运用新的机械设计理论和创新思维进行新型结构的设计。陈列柜里展示有组合轴承与弹性结构的例子。组合轴承有利于改善载荷分配情况，弹性结构有利于快动连接。

10. 外观创新设计

外观设计是产品设计的重要内容，它是应用技术和艺术处理手段赋予产品以美的外形的创新设计实践。外观创新设计的目的在于使产品的精神功能和实有功能达到新的融合，取得最佳的整体效果。

打火机是常见的日用品，手枪形、书本形、烟袋形、动物形的打火机层出不穷，别具一格的外观创新设计，使打火机成为许多人收藏的艺术品。这不仅丰富了人们的文化生活，而且提高了产品的市场竞争力，也给生产经营者带来了新的附加价值。

小型吸尘器其流线形的主体造型、宜人化的手柄构型和时尚的色彩设计，不仅让人喜欢，而且还会让人联想到它可靠的吸尘功能。

对于工程机械，过去人们不太重视它的外观设计，对产品的美学质量与市场价值缺乏认识。现在的工程机械不仅讲究内在质量，而且注重外在质量。现在的挖掘机以直线为主进行主体造型，给人以方正、简捷、刚直、稳定的视觉效果；同时，合理而鲜明的色彩设计，也给了挖掘机宜人的美感。

机械产品的外观创新设计没有固定的模式，但富有创新性的外观设计一般应具有以下基本特征：显示现代科技的功能美，表现人机关系的宜人美，反映时代新潮的时尚美。

实　验　报　告

姓名		学号		班级	
组别		实验日期		成绩	

一、实验目的

（1）了解机械创新设计的基本原理与基本方法，启迪创新思维，提高创新意识。

（2）了解机构创新设计和结构创新设计的基本途径与方法，提高创新设计能力。

二、实验设备

机械创新设计认知实验柜。

三、思考题

（1）什么是机械创新设计？机械创新设计可分为哪几种基本类型？

（2）试举一例现实生活中存在的具有新颖性和独特性的创新设计成果。

（3）创新思维最基本的思维方式是什么？试举出应用创新思维进行创新设计的实例，并简要说明它是如何进行创新思维的。

（4）产品创造技法有哪几种？对于每一种产品创造技法，请举例说明其应用。

（5）什么是原理方案创新的最重要的一种方法？试举出至少一个应用原理方案创新的例子。

（6）常用的机构创新设计的途径有哪几种？

（7）结构方案的创新设计常用的方法有哪三种？

（8）试举出两种在外观设计方面有创新的产品的例子。

实验二 减速器拆装与结构分析实验

一、实验目的

（1）观察、了解减速器的结构及各主要零件之间的配合和相互关系。

（2）了解各主要零件的作用，分析比较所拆装减速器与其他减速器之间的区别。

二、实验内容

（1）拆开一部完整的齿轮箱（减速器）实物。

（2）观察减速器中各主要零件（齿轮、轴、轴承、箱盖、箱座、轴承盖等）的结构和它们之间的相互关系。

（3）测量和记录一些主要的尺寸和参数。

三、实验设备和工具

（1）实验设备：减速器。

（2）实验工具：活动扳手及死扳手若干把，大、小铁锤各一把，游标卡尺一把，内径千分卡一把，铜棒一根，钢丝钳一把，大、小螺丝刀各一把，拉模一只。

四、实验步骤

（1）观察减速器的外形，并观察从外面能看到的零件（箱座、箱盖、观察孔、轴承盖、油标、螺栓、轴等）。

（2）测量减速器的最大尺寸、地脚螺钉孔尺寸、中心距，并记录。

（3）用扳手拧松上下盖连接螺母、螺栓并取出螺栓。

（4）打开上箱盖，取出箱内的齿轮、轴承端盖等零件。

（5）观察和分析本减速器的润滑系统（齿轮是怎样润滑的？轴承是怎样润滑的？）。

（6）用拉模取出轴承和齿轮，并记录有关主要参数，其中包括：

① 齿轮的齿数、模数、齿轮宽度、齿向（直齿还是斜齿）及旋向，齿轮是做在轴上的（齿轮轴）还是装在轴上的，毛坯制造是铸造还是锻造，是浸油润滑还是喷油润滑。

② 轴的类型（光轴还是阶梯轴，转轴、心轴还是传动轴）、轴上零件（齿轮/轴承）的轴向固定和周向固定方式。

③ 轴承的类型（向心、推力，还是向心推力）、滚动体（球还是柱）、型号（在轴承上找）、润滑剂（油还是脂）。

④ 轴承盖的形式（凸缘式还是嵌入式），密封（闷盖和透盖是怎样防止油漏出去的）。

⑤ 箱体和箱盖的材料（铸铁件还是钢板焊接件）、装配（如何保证上下箱体装配精度）、密封（如何保证接缝处不漏油）、安装（所有零件如何紧固在箱体上）。

⑥ 观察测量完毕后，将各零件擦干净，涂上防锈黄油按顺序放入箱内、将箱盖盖好。试旋转一下轴，如很活络就将螺栓装上并拧紧。

五、实验注意事项

(1) 爱护设备，要按规定操作，按规定擦干净，涂黄油，装好后要检查一下是否有遗漏零件，轴转动是否灵活。

(2) 在装拆过程中注意安全，小心搬动齿轮箱。

(3) 爱护工具，试验完后将工具擦干净，清点后装入工具箱内。

(4) 认真完成实验报告。

实 验 报 告

姓名		学号		班级	
组别		实验日期		成绩	

一、实验目的

(1) 观察、了解减速器的结构及各主要零件之间的配合和它们的相互关系。

(2) 了解各主要零件的作用，分析比较所拆装减速器与未拆过减速器之间的区别。

二、实验设备和工具

(1) 实验设备：减速器。

(2) 实验工具：活动扳手及死扳手若干把，大、小铁锤各一把，游标卡尺一把，内径千分卡一把，铜棒一根，钢丝钳一把，大、小螺丝刀各一把，拉模一只。

三、实验数据

1. 外形观察并记录

(1) 记录最大尺寸(mm)。

长	宽	高

(2) 孔距为 $A \times B$(mm)，地脚螺钉孔直径为 ϕ(mm)。

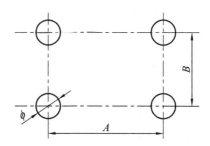

2. 主要零件观察并记录

(1) 记录上下盖紧固螺栓尺寸和数量。

紧固螺栓	1	2
尺寸 $d \times L$/(mm×mm)		
数 量/个		

（2）画出齿轮箱的简图。

（3）记录齿轮箱的主要参数，填写下表。

	Ⅰ轴小齿轮	Ⅱ轴大齿轮	Ⅱ轴小齿轮	Ⅲ轴大齿轮
模　数				
齿　数				
螺旋角方向				
螺旋角大小				
宽　度				
传动比				
中心距				
毛坯制造				
润　滑				

注：两轴中心距 $A = \dfrac{(Z_1 + Z_2) m_n}{2 \cos\beta}$。

四、思考题

为使同学们对减速箱的结构特点有较深入的了解，以利于课程设计顺利进行和今后更熟练地动手操作，在减速箱装配与测量后，要求大家深入研讨下列问题：

（1）你所拆装减速箱的齿轮结构有何特点？它是如何固定在轴上的（包括轴向固定和周向固定）？试评价这种固定方法（从承载、定位、拆装和加工等方面来考虑）。

（2）你所拆装的减速箱所用轴承是何种型号？其结构特点如何？为什么要用这种类型轴承（从承载、拆装、调整等方面考虑）？

（3）你所拆装的减速箱的轴承是如何定位紧固的？轴承间隙是如何调整的？

（4）你所拆装的减速箱的齿轮和轴承是如何润滑冷却的？为什么用这种方式？

（5）你所拆装的减速箱的轴承采用何种密封？为什么要采用这种密封形式？

（6）试分析比较各种密封结构的特点（毡圈、皮碗、挡油环、迷宫密封）。

（7）箱体上有哪几处工艺要求（包括铸造、加工、装配三方面）应加以注意？

（8）轴承端盖有哪两种形式？它们的特点是什么？现在采用哪种形式？为什么轴 1 和轴 2 的轴承端盖是同样大小的？

（9）你所拆装的减速箱有什么不合理的地方？如何加以改进？

（10）你所拆装减速箱的传动特性（承载能力、传动比等）和传动布置（包括传动分配、传动轴和轴承相对布置情况、中心距等）的特点如何？试画出其传动简图，并回答这种减速箱适用于何种场合。

实验三　平面机构创意组合与分析实验

一、实验目的

（1）加深学生对机构组成原理的认识，进一步了解机构组成及其运动特性。

（2）训练学生的实践动手能力。

（3）培养学生的创新意识及综合设计能力。

二、实验设备及工具（详细规格见零件清单）

（1）PCC－Ⅱ(B)实验台及其配件，计算机，实验软件。

（2）一字起子、梅花起子、活动扳手、内六角扳手、橡皮锤。

三、实验原理

任何平面机构均可以用零自由度的杆组依次连接到原动件和机架上的方法来组成，这是机构的组成原理，也是本实验的基本原理。

四、实验方法和步骤（仅供学生在实验中参考）

（1）掌握实验原理。

（2）根据上述实验设备及工具的介绍内容，熟悉实验设备的硬件组成及零件功用。使用方法请参阅随机使用说明书。

（3）自拟机构运动方案或选择实验指导书中提供的机构运动方案作为机构组合（拼接）实验内容。

（4）将所选定的机构运动方案根据机构组成原理按杆组进行正确拆分，并用机构简图表示出来。

（5）找出有关零部件，将杆组按运动的传递顺序依次接到原动件和机架上，正确拼装机构运动方案的杆组。

（6）机构安装完成之后，用手拨动机构，检查机构运动是否正常。

（7）机构运动正常后，连上电机。

（8）打开控制盒电源，拨动调速旋钮，逐步增加电机转速，观察机构运动。

（9）将传感器安装在被测零件上，并连接在数据采集箱接线端口上，数据采集箱用串口线和计算机相连。

（10）打开计算机，进入软件界面，观察相应零件的运动情况。

（11）将各种不用的零件及工具放入工具箱，清理实验台。

（12）完成实验报告。

五、杆组的概念、正确拆分杆组及拼装杆组

1. 杆组的概念

由于平面机构具有确定运动的条件是机构原动件数目与机构的自由度相等，因此机构均由机架、原动件和自由度为零的从动件系统通过运动副连接而成。将从动件系统拆成若干个不可再分的自由度为零的运动链，称为基本杆组，简称杆组。

根据杆组的定义，组成平面机构杆组的条件是：

$$F = 3n - 2P_{\mathrm{L}} - P_{\mathrm{H}} = 0$$

式中，n 为杆组中的构件数；P_{L} 为杆组中的低副数；P_{H} 为杆组中的高副数。由于构件数和运动副数目均应为整数，故当 n、P_{L}、P_{H} 取不同数值时，可得各类基本杆组。

当 $n=1$，$P_{\mathrm{L}}=1$，$P_{\mathrm{H}}=1$ 时，即可获得单构件高副杆组，常见的有如下几种，见图 3.3 - 1。

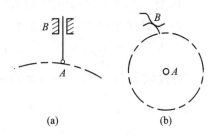

图 3.3 - 1　单构件高副杆组

当 $P_{\mathrm{H}}=0$ 时，杆组中的运动副全部为低副，称为低副杆组。由于有 $F = 3n - 2P_{\mathrm{L}} - P_{\mathrm{H}} = 0$，故 $n = \dfrac{2P_{\mathrm{L}}}{3}$，则 n 应当是 2 的倍数，而 P_{L} 应当是 3 的倍数，即 $n=2$，4，6，…，$P_{\mathrm{L}}=3$，6，9，…。

当 $n=2$，$P_{\mathrm{L}}=3$ 时，杆组称为 Ⅱ 级杆组。Ⅱ 级杆组是应用最多的基本杆组，绝大多数机构均由 Ⅱ 级杆组组成。由于 Ⅱ 级杆组中转动副和移动副的配置不同，因此 Ⅱ 级杆组可以有如图 3.3 - 2 所示的五种形式。

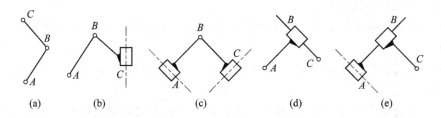

图 3.3 - 2　平面低副 Ⅱ 级杆组

当 $n=4$，$P_{\mathrm{L}}=6$ 时，杆组为 Ⅲ 级杆组。Ⅲ 级杆组形式很多，图 3.3 - 3 所示的是几种常用的 Ⅲ 级杆组。

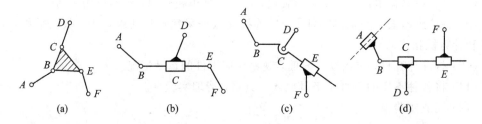

图 3.3 - 3　平面低副 Ⅲ 级杆组

2. 机构的组成原理

根据如上所述，可将机构的组成原理概括为：任何平面机构均可以用零自由度的杆组依次连接到原动件和机架上去的方法来组成。这是本实验的基本原理。

3. 正确拆分杆组

正确拆分杆组的步骤如下：

(1) 去掉机构中的局部自由度和虚约束，有时还要将高副低代。

(2) 计算机构的自由度，确定原动件。

(3) 从远离原动件的一端(即执行构件)先试拆分Ⅱ级杆组，若拆分不出Ⅱ级杆组，再试拆Ⅲ级杆组，即由最低级别杆组向高一级别杆组依次拆分，最后剩下原动件和机架。

正确拆分的判定标准是：拆去一个杆组或一系列杆组后，剩余的必须仍为一个完整的机构或若干个与机架相连的原动件，不许有不成组的零散构件或运动副存在，否则这个杆组拆得不对。每当拆出一个杆组后，再对剩余机构拆组，并按第(3)步骤进行，直到全部杆组拆完，只剩下与机架相连的原动件为止。

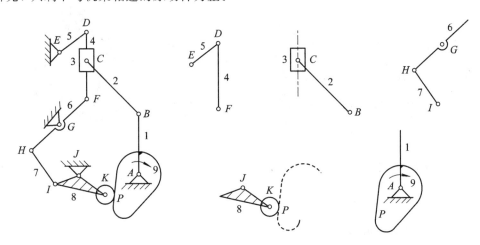

图 3.3-4　杆组拆分例图

如图 3.3-4 所示的机构，可先除去 K 处的局部自由度；然后按步骤(2)计算机构的自由度 $F=1$，并确定凸轮为原动件；最后根据步骤(3)的要领，先拆分出由构件 4 和 5 组成的Ⅱ级杆组，再拆分出由构件 3 和 2 及构件 6 和 7 组成的两个Ⅱ级杆组，及由构件 8 组成的单构件高副杆组，最后剩下原动件 1 和机架 9。

4. 正确拼装杆组

根据拟定或由实验中获得的机构运动学尺寸，利用平面机构创意组合实验台提供的零件，按机构运动的传递顺序进行拼接。拼接时，首先要分清机构中各构件所占据的运动平面，并且使各构件的运动在相互平行的平面内进行，其目的是避免各运动构件发生运动干涉；然后以实验台机架铅垂面为拼接的起始参考面，按预定拼接计划进行拼接。所拼接的构件以原动构件起始，依运动传递顺序符合各杆组由里(参考面)向外进行拼接，平面机构创意组合实验台提供的运动副的拼接请参见使用说明书。

六、实验内容

下列各机构均来自于工程实践，任选一个机构运动方案或者自行设计方案进行机构拼接设计实验。

1. 四杆机构

结构说明：如图 3.3-5 所示，由曲柄 1、连杆 2、摆杆 3 和机架 4 组成曲柄摇杆四杆机构，曲柄 1 为主动件。

应用举例：碎矿机机构。

2. 偏心轮传动机构

结构说明：如图 3.3-6 所示，曲柄 1 为主动件，构件 2 是一个三副机构，它与构件 1、构件 3、构件 4 分别组成转动副，构件 3 和机架 5、构件 6 和机架 5 分别组成转动副，构件 4 为移动副。

应用举例：经编机构。

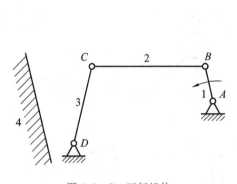

图 3.3-5 四杆机构

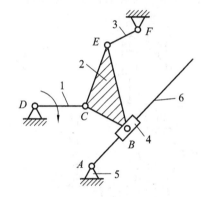

图 3.3-6 偏心轮传动机构图

3. 凸轮-摇杆滑块机构

结构说明：如图 3.3-7 所示，构件 1 为主动凸轮，构件 2 的重力作用使滑块 4 后退。

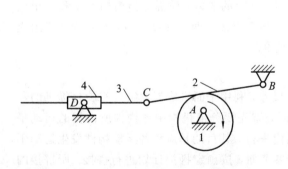

图 3.3-7 凸轮-摇杆滑块机构

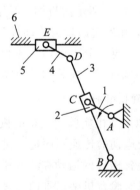

图 3.3-8 刨床导杆机构

4. 刨床导杆机构

结构说明：如图 3.3-8 所示，牛头刨床是由电机经皮带、齿轮传动使曲柄 1 绕轴 A 回转，再经滑块 2、导杆 3、连杆 4 带动装有刨刀的滑枕 5 沿机架 6 的导轨槽作往复直线运动，从而完成刨削工作的。显然，导杆 3 为三副构件，其余为二副构件。

5. 双缸气压机

机构说明：如图 3.3-9 所示，A 为主动件，滑块 C、D 往复运动时，由加速度产生的惯性力作用于机座 6 上，由于两滑块的加速度大小相等、方向相反，因此惯性力可相互平衡。

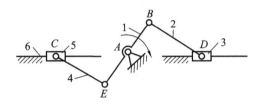

图 3.3-9　双缸气压机

6. 缝纫机机构

机构说明：如图 3.3-10 所示，D、E 两构件组成多个移动副且其导路互相平行，只有一个移动副起约束作用，其余移动副都是虚约束。

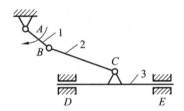

图 3.3-10　缝纫机机构

7. 可扩大机构从动件行程的六杆机构

机构说明：如图 3.3-11 所示的六杆机构，它采用多杆机构，使从动件 5 的行程大幅度增大。

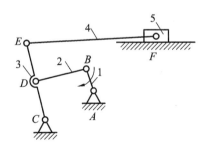

图 3.3-11　六杆机构

8. 发动机机构

机构说明：如图 3.3-12 所示，根据平面机构组成原理，在一个机构上叠加一个或者多个杆组，便可以形成新的机构来满足运动的转换或实现某种要求的功能，发动机机构就是在曲柄滑块的基础上叠加了两个 Ⅱ 级组所构成的。

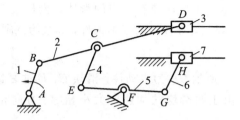

图 3.3 - 12　发动机机构

9. 手套自动加工机

机构说明：如图 3.3 - 13 所示，除主动件 1 和机架外，其余都是 Ⅱ 级杆组，当主动曲柄 1 连续转动时，可使构件 5 实现大行程的往复移动。

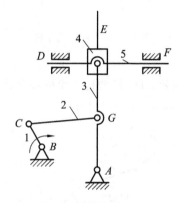

图 3.3 - 13　手套自动加工机

实 验 报 告

姓名		学号		班级	
组别		实验日期		成绩	

一、实验目的

(1) 加深学生对机构组成原理的认识,进一步了解机构组成及其运动特性。

(2) 训练学生的实践动手能力。

(3) 培养学生的创新意识及综合设计能力。

二、实验设备及工具(详细规格见零件清单)

(1) PCC-Ⅱ(B)实验台及其配件,计算机,实验软件。

(1) 一字起子、梅花起子、活动扳手、内六角扳手、橡皮锤。

三、思考题

(1) 绘制实际拼装的平面机构运动方案简图,并在简图中标识实测所得的平面机构运动学尺寸。

(2) 简要说明平面机构杆组的拆组过程,并画出所拆平面机构的杆组简图。

(3) 根据你所拆分的杆组,按不同的顺序排列杆组,可能组合的机构运动方案有哪些?要求用机构运动简图表示出来,就运动传递情况作方案比较,并简要说明。

(4) 利用不同的杆组进行平面机构拼接,得到了哪些有创意的平面机构运动方案?用机构运动简图示意创新平面机构运动方案。

实验四 机构运动方案创新设计与运动分析实验

一、实验目的

(1) 加深学生对机构组成理论的认识，熟悉杆组的概念，为机构创新设计奠定良好基础。

(2) 利用若干不同杆组拼接各种平面机构，以培养学生对机构运动方案的创新设计意识及综合设计能力，训练学生的工程实践动手能力。

(3) 了解机构运动参数(位移、速度、加速度)的测定方法。

(4) 了解各种不同机构运动构件的运动特性。

二、实验设备及工具(详细规格见零件清单)

(1) JYCS-Ⅱ型机构运动方案创新设计实验台，计算机，实验软件。

(2) 一字起子，梅花起子，M5、M6、M8 内六角扳手，6 或 8 英寸活动扳手，橡皮锤、1 米卷尺，笔和纸。

参 考 资 料

1. 机构运动方案创新设计实验台的组成

机构运动方案创新设计实验台组件清单参看本节附录，说明如下：

(1) 凸轮和高副锁紧弹簧：凸轮基圆半径为 18 mm，从推动杆的行程为 30 mm。从动件的位移曲线是升-回型，且为正弦加速度运动。凸轮与从动件形成高副依靠的是弹簧力的锁合。

(2) 齿轮：模数为 2，压力角为 20°，齿数 34 或 42，两齿轮中心距为 76 mm。

(3) 齿条：模数为 2，压力角为 20°，单根齿条全长为 422 mm。

(4) 槽轮拨盘：两个主动销。

(5) 槽轮：四槽。

(6) 主动轴：动力输入用轴，轴上有平键槽。

(7) 转动副轴(或滑块)-3：主要用于跨层面(即非相邻平面)的转动副或移动副的形成。

(8) 扁头轴：又称从动轴，轴上无键槽，主要起支撑及传递运动的作用。

(9) 主动滑块插件：与主动滑块座配用，形成主动滑块。

(10) 主动滑块座：与直线电机齿条固连形成主动件，且随直线电机齿条作往复直线运动。

(11) 连杆(或滑块导向杆)：长槽与滑块形成移动副，圆孔与轴形成转动副。

(12) 压紧连杆用特制垫片：固定连杆时用。

(13) 转动副轴(或滑块)-2：与固定转轴块(20)配用时，可在连杆长槽的某一选定位置形成转动副。

（14）转动副轴(或滑块)-1：用于两构件形成转动副。

（15）带垫片螺栓：规格 M6，转动副轴与连杆之间构成转动副或移动副时用带垫片螺栓连接。

（16）压紧螺栓：规格 M6，转动副轴与连杆形成同一构件时用该压紧螺栓连接。

（17）运动构件层面限位套：用于不同构件运动平面之间的距离限定，避免发生运动构件间的运动干涉。

（18）电机带轮主动轴皮带轮：传递旋转主动运动。

（19）盘杆转动轴：盘类零件(如(1)、(2))与其他构件(如连杆)构成转动副时使用。

（20）固定转轴块：用螺栓(21)将固定转轴块锁紧在连杆长槽上，件(13)可与该连杆在选定位置形成转动副轴。

（21）加长连杆和固定凸轮弹簧用螺栓、螺母：用于锁紧连接件。

（22）曲柄双连杆部件：偏心轮与活动圆环形成转动副时使用，且已制作成一组合件。

（23）齿条导向板：将齿条夹紧在两块齿条导向板之间，可保证齿轮与齿条的正常啮合。

（24）转动副轴(或滑块)-4：轴的扁头主要用于两构件形成转动副；轴的圆头主要用于两构件形成移动副。

（25）~（39）参看本节附录中的说明。

（40）直线电机、旋转电机：

• 直线电机及行程开关(10 mm/s)

直线电机安装在实验台机架底部，并可沿机架底部的长行槽移动。直线电机的长齿条即为机构输入直线运动的主动件。在实验中，允许齿条单方向的最大位移为 300 mm，实验者可根据主动滑块的位移量确定直线电机两行程开关的相对间距，并且将两行程开关的最大安装间距限制在 300 mm 范围内。

• 直线电机控制器

直线电机控制器的前面板如图 3.4 - 1 所示，后面板如图 3.4 - 2 所示。本控制器采用机械与电子组合的设计方式，控制电路采用低压、微型、密封功率继电器与机械行程开关构成，并设计了电机失控自停功能，极其安全且方便。控制器的前面板为 LED 显示方式，当控制器的前面板与操作者是面对面的位置关系时，控制器上的发光管指示直线电机齿条的移动方向。控制器前面板上还设置有正向、反向点动开关，当电机失控自停时，可控制电机回到正常位置。控制器的后面板上置有带保险丝管的电源线插座及与直线电机、行程开关相连的 5 芯和 7 芯航空插座。

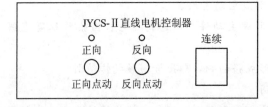
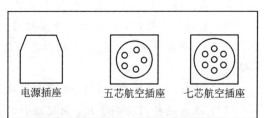

图 3.4 - 1　控制器的前面板　　　　图 3.4 - 2　控制器的后面板

直线电机控制器的使用方法如下：

（1）必须在直线电机控制器的外接电源插座开关关闭状态下，将连接行程开关控制线的七芯航空插头，连接直线电机控制线的五芯航空插头，及电源线插头分别接入控制器后板上，将前面板船形电源开关置于"点动"状态。打开外接电源插座电源开关，控制器面板电源指示灯亮。将船形电源开关切换到"连续"状态，直线电机正常运转。

（2）失控自停控制：为防止电机偶尔产生失控现象而损坏电机，在控制器中设计了失控自停功能。当电机运转失控时，控制器会自动切断电机电源，电机停转。此时应将控制器前面板上的船形电源开关切换至"点动"状态，按"正向"或"反向"点动按钮，控制装在电机齿条上的滑块座(10)回到二行程开关中间位置。然后将控制器电源开关再切换到"连续"运行状态。（注：若电机较热，先让电机停转一段时间稍做冷却后再进入"连续"运行。）

（3）未拼接机构运动前，预设直线电机的工作行程后，请务必调整直线电机行程开关相对电机齿条上滑块座(10)底部的高度，以确保电机齿条上的滑块座能有效碰撞行程开关，使行程开关能灵活动作，从而防止电机直齿条脱离电机主体或断齿，防止所组装的零件被损坏并确保人身安全。

（4）若出现行程开关失灵情况，立即切断直线电机控制器的电源，调换行程开关。

- 旋转电机(10 r/min)

旋转电机安装在实验台机架底部，并可沿机架底部的长形槽移动。电机电源线接入电源接线盒，电源盒上设有钮子电源开关。

2. 机构运动方案创新设计实验台的主要技术参数

（1）交流带直线电机：1个/套，功率 $N=25$ W，220 V，行程 $L=700$ mm。

（2）交流带减速器电机：3个/套，功率 $N=90$ W，220 V，输入转速 $n=10$ r/min。

（3）实验台机架数量：4台/套。

（4）实验台8件箱数量：4只/套。

（5）拼接机构运动方式：手动、电机带动(含旋转运动、直线运动)。

（6）机架、零部件主要材质：A3钢，45号钢表面镀铬并确保不会变形。

（7）可实现拼接方案数量：不少于60个。

（8）实验人数：3～4人×四组/套。

（9）直线位移传感器：量程150 mm，精度0.05%，1支/套。

（10）光栅角位移传感器：360栅/转，1只/套。

（11）光栅角位移传感器：1000栅/转，1只/套。

（12）数据采集实验仪：1台/套。

（13）电源：交流220 V/50 Hz。

（14）外形尺寸：1000 mm×450 mm×600 mm。

（15）实验台重量：55 kg。

3. JYCS-Ⅱ机构运动方案创新设计实验仪

JYCS-Ⅱ机构运动方案创新设计实验仪内部由单片机控制，它可同时完成对机构主传动轴转速、回转不匀率、摆动从动件摆动角位移、角速度、角加速度，以及直动从动件直线位移、速度、加速度的输出信号数据采集和预处理，并将采集数据传送到计算机进行数据处理、显示、打开等。它的面板如图 3.4-3、图 3.4-4 所示。打开电源开关，电源指示灯亮，表示仪器已经通电。面板上还设有主动轴和从动轴光电编码器工作指示灯，机构运动时这两个指示灯闪烁，表示光电编码器工作正常。实验仪后板上的复位按钮用来对仪器进行复位，如果发现仪器工作不正常或者与计算机通信有误，可以通过按复位按钮来清除。实验仪后板上还设有三个航空插座：位移传感器（五芯），用于连接直线位移传感器；编码器 1（七芯），用于连接主传动轴光电编码器；编码器 2（七芯），用于连接摆动从动件光电编码器。各传感器输出信号线分别插入相应插座。实验仪通过串行通信线与计算机连接进行数据传输（注意保证在计算机及实验仪开电源前先插好连接线，避免因带电插拔而损坏计算机主板）。标明"放大"字样的调节螺钉用来改变多圈电位器阻值，调节位移传感器输出信号电压值。输出电压值可通过"输出电压"测量端进行测量（对应位移变化应控制在 $0\sim10$ V）。设备在出厂时已调好，学生一般不需进行调节，具体调节方法见实验平台测试分析系统软件使用说明书中"2.4 传感器标定"节。

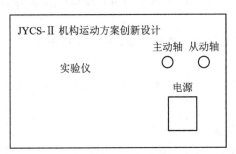

图 3.4-3　JYCS-Ⅱ机构运动方案创新设计
　　　　　实验仪前面板

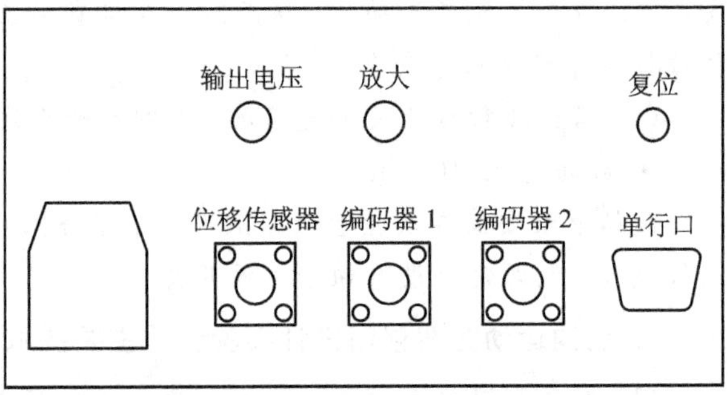

图 3.4-4　JYCS-Ⅱ机构运动方案创新设计
　　　　　实验仪后面板

三、实验原理

任何机构都可以看做是由若干个基本杆组依次连接于原动件和机架上而构成的。

四、实验方法

1. 正确拆分杆组

（详见平面机构创意组合与分析实验的相关内容。）

2. 正确拼装杆组

根据拟定或由实验中获得的机构运动学尺寸，利用机构运动方案创新设计实验台提供的零件，按机构运动的传递顺序进行拼接。拼接时，首先要分清机构中各构件所占据的运动平面，其目的是避免各运动构件发生干涉。然后，以实验台机架铅垂面为拼接的起始参考面，按预定拼接计划进行拼接。拼接中应注意各构件的运动平面是相互平行的，所拼接机构的外伸运动层面数愈少，运动愈平稳，为此，建议机构中各构件的运动层面以交错层的排列方式进行拼接。

下面介绍机构运动方案创新设计实验台提供的运动副的拼接方法。

1）实验台机架

如图 3.4-5 所示，实验台机架中有 5 根铅垂立柱，它们可沿 X 方向移动。移动时请用双手推动，并尽可能使立柱在移动过程中保持铅垂状态。立柱移动到预定的位置后，将立柱上、下两端的螺栓锁紧（安全注意事项：不允许将立柱上、下两端的螺栓卸下，在移动立柱前只需将螺栓拧松即可）。立柱上的滑块可沿 Y 方向移动。将滑块移动到预定的位置后，用螺栓将滑块紧定在立柱上。按上述方法即可在 X、Y 平面内确定活动构件相对于机架的连接位置。面对操作者的机架铅垂面称为拼接起始参考面。

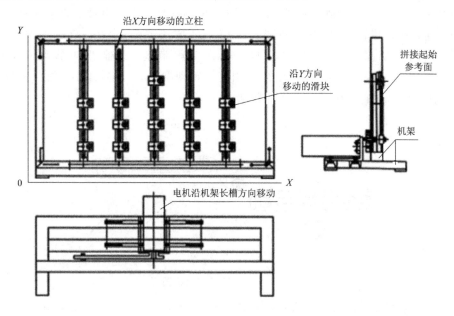

图 3.4 - 5　实验台机架图

2）轴相对机架的拼接

图 3.4 - 6 为轴相对机架的拼接图。图 3.4 - 6 中的编号与本节附录中的序号相同。

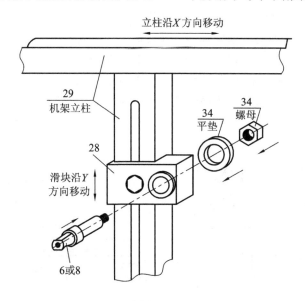

图 3.4 - 6　轴相对机架的拼接图

有螺纹端的轴颈可以插入滑块 28 上的铜套孔内，通过平垫片、防脱螺母 34 的连接与机架形成转动副或与机架固定。若按图 3.4－6 拼接后，轴 6 或 8 相对机架固定；若不使用平垫片 34，则轴 6 或 8 相对机架作旋转运动。拼接者可根据需要确定是否使用平垫片 34。

扁头轴 6 为主动轴、8 为从动轴。它们主要用于与其他构件形成移动副或转动副，也可将盘类构件锁定在扁头轴颈上。

3）转动副的拼接

图 3.4－7 所示为转动副的拼接。图 3.4－7 中的编号与本节附录中的序号相同。

若两连杆间形成转动副，则可按图 3.4－7 所示方式拼接。其中，转动副轴 14 的扁平轴颈可分别插入两连杆 11 的圆孔内，用压紧螺栓 16、带垫片螺栓 15 与转动副轴 14 端面上的螺孔连接。这样，连杆被压紧螺栓 16 固定在转动副轴 14 的轴颈上，而与带垫片螺栓 15 相连接的转动副轴 14 相对另一连杆转动。

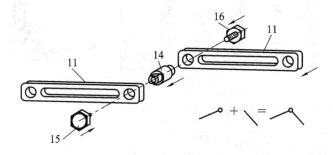

图 3.4－7　转动副拼接图

提示：根据实际拼接层面的需要，转动副轴 14 可用转动副轴 7 代替，由于转动副轴 7 的轴颈较长，此时需选用相应的运动构件层面限位套 17 对构件的运动层面进行限位。

4）移动副的拼接

如图 3.4－8 所示，转动副轴 24 的圆轴颈端插入连杆 11 的长槽中，通过带垫片的螺栓 15 的连接，转动副轴 24 可与连杆 11 形成移动副。

提示：转动副轴 24 的另一扁平轴颈可与其他构件形成转动副或移动副。根据实际拼接的需要，也可选用转动副轴 7 或转动副轴 14 代替转动副轴 24 作为滑块。

另一种形成移动副的拼接方式如图 3.4－9 所示。选用两根轴（6 或 8），将轴固定在机架上，然后再将连杆 11 的长槽插入两轴的扁平颈端，旋入带垫片螺栓 15，则连杆相对机架作移动运动。

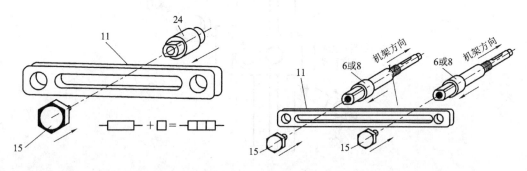

图 3.4－8　移动副的拼接　　　　　　图 3.4－9　移动副的拼接

提示：根据实际拼接的需要，若选用的轴颈较长，则此时需选用相应的运动构件层面限位套 17 对构件的运动层面进行限位。

5）滑块与连杆组成转动副和移动副的拼接

图 3.4-10 所示为滑块与连杆组成转动副和移动副的拼接。图 3.4-10 中的编号与本节附录中的序号相同。

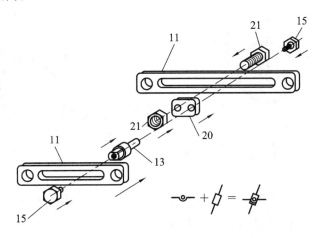

图 3.4-10　滑块与连杆组成转动副和移动副的拼接

图 3.4-10 所示的拼接效果是零件 13 的扁平轴颈处与连杆 11 形成移动副；在 20、21 的帮助下，零件 13 的圆轴颈处与另一连杆在连杆长槽的某一位置形成转动副。首先用螺栓、螺母 21 将固定转轴块 20 锁定在连杆 11 的侧面，再将零件 13 的圆轴颈插入转轴块 20 的圆孔及连杆 11 的长槽中，用带垫片的螺栓 15 旋入零件 13 的圆轴颈端的螺孔中，这样零件 13 与连杆 11 形成转动副。将零件 13 的扁头轴颈插入另一连杆的长槽中，将带垫片的螺栓 15 旋入零件 13 的扁平轴端螺孔中，这样零件 13 与另一连杆 11 形成移动副。

6）齿轮与轴的拼接

图 3.4-11 所示为齿轮与轴的拼接图。图 3.4-11 中的编号与本节附录中的序号相同。

如图 3.4-11 所示，齿轮 2 装入轴 6 或 8 时，应紧靠轴（或运动构件层面限位套 17）的根部，以防止造成构件的运动层面距离的累积误差。按图示连接好后，用内六角紧定螺钉 27 将齿轮固定在轴上（注意：螺钉应压紧在轴的平面上）。这样，齿轮与轴形成一个构件。

若不用内六角紧定螺钉 27 将齿轮固定在轴上，欲使齿轮相对轴转动，则选用带垫片螺栓 15 旋入轴端面的螺孔内即可。

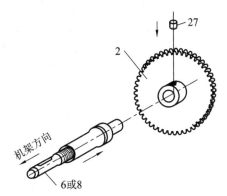

图 3.4-11　齿轮与轴的拼接图

7）齿轮与连杆形成转动副

图 3.4-12 与图 3.4-13 中的编号与本节附录序号相同。

如图 3.4-12 所示拼接，连杆 11 与齿轮 2 形成转动副。视所选用盘杆转动轴 19 的轴颈长度不同，决定是否需用运动构件层面限位套 17。

如图 3.4-13 所示的拼接，若选用轴颈长度 $L=35$ mm 的盘杆转动轴 19，则可组成双联齿轮，并与连杆形成转动副，若选用 $L=45$ mm 的盘杆转动轴 19，同样可以组成双联齿轮，只是要在盘杆转动轴 19 上加装一运动构件层面限位套 17，如图 3.4-12 所示。

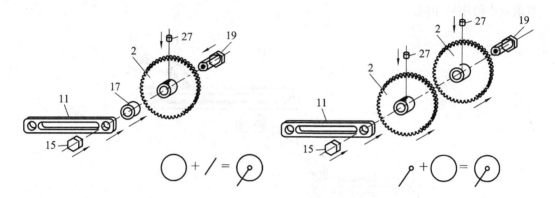

图 3.4-12　齿轮与连杆形成转动副的拼接　　　　图 3.4-13　齿轮与连杆形成转动副的拼接

8）齿条护板与齿条、齿条与齿轮的拼接

图 3.14-14 所示为齿条护板与齿条、齿条与齿轮的拼接。图 3.4-14 中的编号与本节附录中的序号相同。

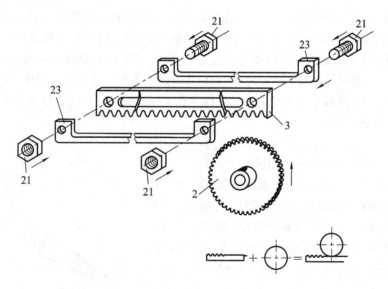

图 3.4-14　齿轮护板与齿条、齿条与齿轮的拼接

如图 3.4-14 所示，当齿轮相对齿条啮合时，若不使用齿条导向板，则齿轮在运动时会脱离齿条。为避免此种情况出现，在拼接齿轮与齿条啮合运动方案时，需选用两根齿条导向板 23 和螺栓螺母 21 按图示方法进行拼接。

9）凸轮与轴的拼接

图 3.4-15 所示为凸轮与轴的拼接。图 3.4-15 中的编号与本节附录中的序号相同。

按图 3.4-15 所示拼接好后，凸轮 1 与轴 6 或 8 形成为一个构件。

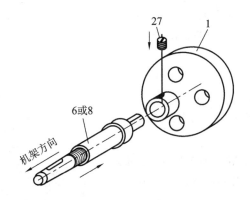

图 3.4-15　凸轮与轴的拼接

若不用内六角紧定螺钉 27 将凸轮固定在轴上，而选用带垫片螺栓 15 旋入轴端面的螺孔内，则凸轮相对轴转动。

10）凸轮高副的拼接

图 3.4-16 所示为凸轮高副的拼接。图 3.4-16 中的编号与本节附录中的序号相同。

首先将轴 6 或 8 与机架相连，然后分别将凸轮 1、从动件连杆 11 拼接到相应的轴上去。用内六角螺钉 27 将凸轮紧定在轴 6 上，凸轮 1 与轴 6 同步转动；将带垫片的螺栓 15 旋入轴 8 端的内螺孔中，连杆 11 相对轴 8 做往复移动。高副锁紧弹簧的安装方式可根据拼接情况自定。

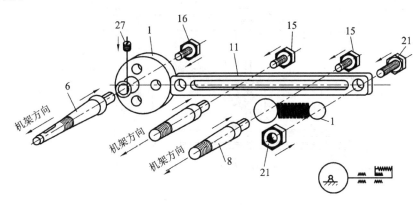

图 3.4-16　凸轮高副的拼接

提示：用于支撑连杆的两轴间的距离应与连杆的移动距离（凸轮的最大升程为 30 mm）相匹配。欲使凸轮相对轴的安装更牢固，还可在轴端的内螺孔中加装压紧螺栓 15。

11）曲柄双连杆部件的使用

图 3.4-17 所示为曲柄双连杆部件的使用。图 3.4-17 中的编号与本节附录中的序号相同。

曲柄双连杆部件 22 是由一个偏心轮和一个活动圆环组合而成的。在拼接类似蒸汽机机构运动方案时，需要用到曲柄双连杆部件，否则会产生运动干涉。参看图 3.4-22，活动圆环相当于 ED 杆，活动圆环的几何中心相当于转动副中

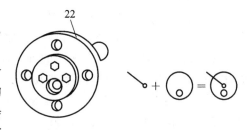

图 3.4-17　曲柄双连杆部件的使用

心 D。欲将一根连杆与偏心轮形成同一构件，可将该连杆与偏心轮固定在同一根轴 6 或 8 上，此时该连杆相当于图 3.4 – 22 中的 AB 杆。

12）槽轮副的拼接

图 3.4 – 18 所示为槽轮副的拼接。图 3.4 – 18 中的编号与本节附录中的序号相同。

通过调整两轴 6 或 8 的间距使槽轮的运动传递灵活。

提示：为使盘类零件相对轴更牢靠地固定，除使用内六角螺钉 27 紧固外，还可以加用压紧螺栓 16。

13）滑块导向杆相对于机架的拼接

图 3.4 – 19 所示为滑块导向杆相对于机架的拼接。图 3.4 – 19 中的编号与本节附录中的序号相同。

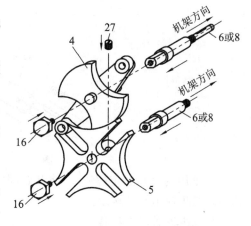

图 3.4 – 18　槽轮副的拼接

如图 3.4 – 19 所示，将轴 6 或 8 插入滑块 28 的轴孔中，用平垫片、防脱螺母 34 将轴 6 或 8 固定在机架 29 上，并使轴颈平面平行于直线电机齿条的运动平面；将滑块导向杆 11 通过压紧螺栓 16 固定在轴 6 或 8 的轴颈上。这样，滑块导向杆 11 与机架 29 成为一个构件。

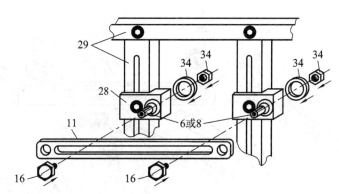

图 3.4 – 19　滑块导向杆相对于机架的拼接

14）主动滑块与直线电机齿条的拼接

图 3.4 – 20 所示为主动滑块与直线电机齿条的拼接。图 3.4 – 20 中的编号与本节附录中的序号相同。

输入主动运动为直线运动的构件称为主动滑块。如图 3.4 – 20 所示，首先将主动滑块座 10 套在直线电机的齿条上，再将主动滑块插件 9 上铣有一个平面的轴颈插入主动滑块座 10 的内孔中，将铣有两个平面的轴颈插入起支撑作用的连杆 11 的长槽中（这样可使主动滑块不做悬臂运动）。然后，将主动滑块座调整至水平状态，直至主动滑块插件 9 相对连杆 11 的长槽能做灵活的往复直线运动为止，此时用螺栓 26 将主动滑块座固定。起支撑作用的连杆 11 固定在机架 29 上的拼接方法，参看图 3.4 – 19 所示的滑块导向杆相对机架的拼接。最后，根据外接构件的运动层面，需要调节主动滑块插件 9 的外伸长度，并用内六

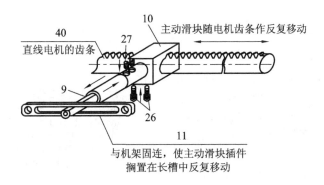

图 3.4-20　主动滑块与直线电机齿条的拼接

角紧定螺钉 27 将主动滑块插件 9 固定在主动滑块座 10 上。

提示：图 3.4-20 中所接的部分仅为某一机构的主动运动部分，后续拼接的构件还将占用空间。因此，在拼接图示部分时尽量减少空间的占用，以满足后续的拼接需要。具体做法是将图示拼接部分尽量靠近机架的最左边或最右边。

15）蒸汽机机构的拼接

图 3.4-21 所示为蒸汽机机构的拼接。图 3.4-21 中的编号与本节附录中的序号相同。

参看图 3.4-22 所示的蒸汽机机构的内容，为避免曲柄滑块机构与曲柄摇杆机构间的运动发生干涉，图 3.4-22 中所标的构件 1 和构件 4 应分别选用曲柄双连杆部件 22 和一根短连杆 11 代替二者的作用。

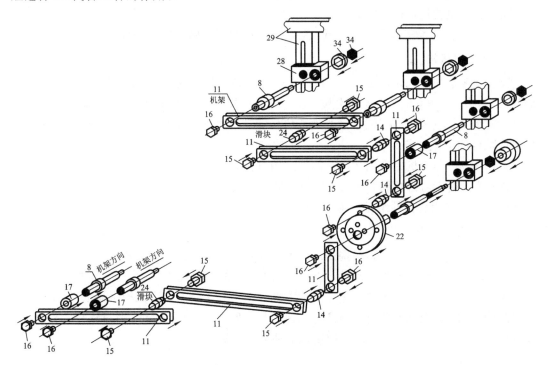

图 3.4-21　蒸汽机机构的拼接

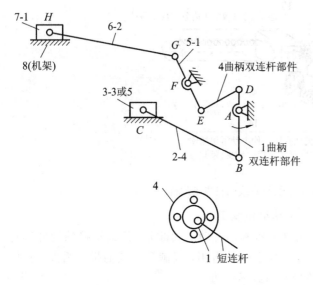

注：构件1(偏心轮)与构件4(贺环)已制作成为一个整体，称之为曲柄双连杆部件。
(1) 构件4(圆环)与构件1(偏心轮)在圆环的几何中心形成转动副。
(2) 将一短连杆与构件1在偏心孔处固定，用于延长AB的距离，拼接中建议短连杆占用第三层。

图 3.4 - 22　蒸汽机机构

五、实验内容示例

下列各种机构均选自工程实践，要求自主设计或任选一个机构运动方案，根据机构运动简图初步拟订机构运动学尺寸后(机构运动学尺寸也可由实验法求得)，再进行机构杆组的拆分，完成机构拼接设计实验。

在完成上述基本实验要求的基础上，实验者可利用不同的杆组进行机构创新实验。

1. 蒸汽机机构

结构说明：如图 3.4 - 22 所示，1 - 2 - 3 - 8 组成曲柄滑块机构，1 - 4 - 5 - 8 组成曲柄摇杆机构，5 - 6 - 7 - 8 组成摇杆滑块机构。曲柄摇杆机构与摇杆滑块机构串联组合。滑块3、7 做往复运动并有急回特性。适当选取机构运动学尺寸，可使两滑块之间的相对运动满足协调配合的工作要求。

应用举例：蒸汽机的活塞运动及阀门启闭机构。

注：为配合学习拼接图 3.4 - 22 中所示的蒸汽机机构，简图中数字编号的说明意义为：横杠前面的数字代表构件编号，横杠后面的数字代表该构件所占据的运动层面。

2. 自动车床送料机构

结构说明：自动车床送料机构是由凸轮与连杆组合成的组合式机构。

工作特点：一般凸轮为主动件，能够实现较复杂的运动规律。

应用举例：自动车床送料及进刀机构。如图 3.4 - 23 所示，该机构由平底直动从动件盘状凸轮机构与连杆机构组成。当凸轮 6 转动时，推动杆 5 往复移动，通过连杆 4 与摆杆 3 及滑块 2 带动从动件 1(推料杆)做周期性的往复直线运动。

3. 六杆机构

结构说明：如图 3.4 - 24 所示，曲柄摇杆机构 1 - 2 - 3 - 6 与摆动导杆机构 3 - 4 - 5 - 6 组成六杆机构。曲柄 1 为主动件，摆杆 5 为从动件。

工作特点：曲柄 1 连续转动，通过杆 2 使摆杆 3 作一定角度的摆动，再通过导杆机构使摆杆 5 的摆角增大。

应用举例：缝纫机摆梭机构。

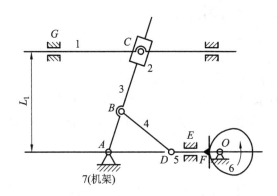

图 3.4 - 23　自动车床送料机构

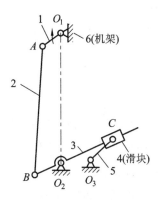

图 3.4 - 24　六杆机构

4. 双摆杆摆角放大机构

结构说明：如图 3.4 - 25 所示，主动摆杆 1 与从动摆杆 3 的中心距 a 应小于摆杆 1 的半径 r。

工作特点：当主动摆杆 1 摆动 α 角时，从动杆 3 的摆角 β 大于 α，实现摆角增大，各参数之间的关系为：

$$\beta = 2\arctan\frac{\dfrac{r}{a}\tan\dfrac{a}{2}}{\dfrac{r}{a} - \sec\dfrac{a}{2}}$$

注：由于是双摆杆，所以不能用电机带动，只能用手动方式观察其运动。若要电机带动，则可按图 3.4 - 26 所示的方式拼接。

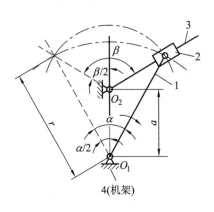

图 3.4 - 25　双摆杆摆角放大机构

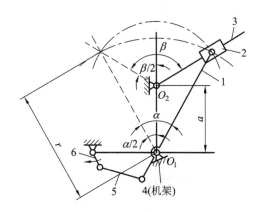

图 3.4 - 26　双摆杆摆角放大机构

5. 转动导杆与凸轮放大升程机构

结构说明：如图 3.4 - 27 所示，曲柄 1 为主动件，凸轮 3 和导杆 2 固联。

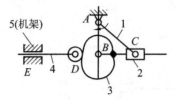

图 3.4 - 27　转动导杆与凸轮放大升程机构

工作特点：当曲柄 1 从图示位置顺时针转过 90°时，导杆和凸轮一起转过 180°。图 3.4 - 27 所示机构常用于凸轮升程较大，而升程角受到某些因素的限制不能太大的情况。该机构制造安装简单，工作性能可靠。

6. 铰链四杆机构

结构说明：如图 3.4 - 28 所示，双摇杆机构 $ABCD$ 的各构件长度满足条件：机架 $AB = 0.64BC$，摇杆 $AD = 1.18BC$，连杆 $DC = 0.27BC$，E 为连杆 CD 延长线上的点，且 $DE = 0.83BC$。BC 为主动摆杆。

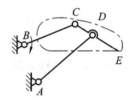

图 3.4 - 28　铰链四杆机构

工作特点：当主动摇杆 BC 绕 B 点摆动时，E 点轨迹为图中点划线所示，其中 E 点轨迹有一段为近似直线。

应用举例：固定式港口用起重机。E 点处安装钓钩，利用 E 点的轨迹的近似直线段吊装货物，能符合吊装设备的平稳性要求。

注：由于是双摇杆，所以不能用电机带动，只能用手动方式观察其运动。若要电机带动，则可按图 3.4 - 29 所示方式拼接。

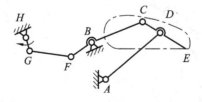

图 3.4 - 29　铰链四杆机构

7. 冲压送料机构

结构说明：如图 3.4 - 30 所示，1 - 2 - 3 - 4 - 5 - 9 组成导杆摇杆滑块冲压机构，1 - 8 - 7 - 6 - 9 组成齿轮凸轮送料机构。冲压机构是在导杆机构的基础上串联一个摇杆滑块机构组合而成的。

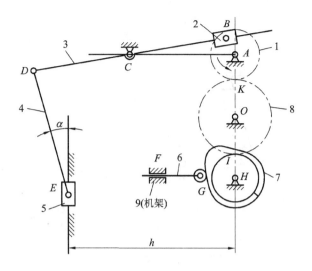

图 3.4 - 30 冲压送料机构

工作特点：导杆机构按给定的行程速度变化系数设计，它和摇杆滑块机构组合可达到工作段近于匀速的要求。适当选择导路位置，可使工作段压力角 α 较小。在工程设计中，按机构运动循环图确定凸轮工作角和从动件运动规律，则机构可在预定时间内将工件送至待加工位置。

8. 铸锭送料机构

结构说明：如图 3.4 - 31 所示，滑块 1 为主动件，通过连杆 2 驱动双摇杆 $ABCD$，将从加热炉出料的铸锭(工件)送到下一工序。

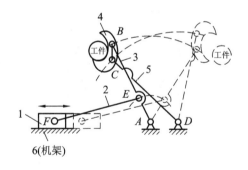

图 3.4 - 31 铸锭送料机构

工作特点：图中粗实线位置为炉铸锭进入装料器 4 中的位置，装料器 4 即为双摇杆机构 $ABCD$ 中的连杆 BC，当机构运动到虚线位置时，装料器 4 翻转 $180°$ 把铸锭卸放到下一工序的位置。

应用举例：加热炉出料设备、加工机械的上料设备等。

9. 插床的插削机构

结构说明：如图 3.4 - 32 所示，在 ABC 摆动导杆机构中摆杆 BC 的反向延长线的 D 点上加二级杆组连杆 4 和滑块 5，成为六杆机构。在滑块 5 固接插刀，该机构可作为插床的插削机构。

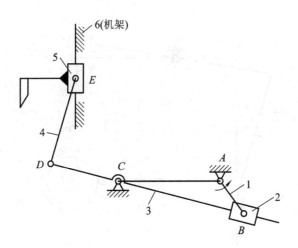

图 3.4 - 32　插床的插削机构

工作特点：主动曲柄 AB 匀速转动，滑块 5 在垂直于 AC 的导路上往复移动，具有较大的急回特性。改变连杆 ED 的长度，滑块 5 可获得不同的规律。

10. 插齿机主传动机构

结构说明及工作特点：图 3.4 - 33 所示为多杆机构，它既具有空回行程的急回特性，又具有工作行程的等时性。

应用举例：插齿机的主传动机构。该机构是一个六杆机构，利用此六杆机构可使插刀在工作行程中得到近于等速的运动。

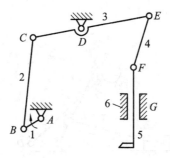

图 3.4 - 33　插齿机主传动机构

11. 曲柄增力机构

结构说明及工作特点：如图 3.4 - 34 所示机构，当 BC 杆受力 F，CD 杆受力 P，则滑块产生的压力

$$Q = \frac{Fl \cos\alpha}{s}$$

由上式可知，减小 α 和 s 与增大 l 均能增大增力倍数。因此设计时，可根据需要的增力倍数决定 α 和 s 与 l 的大小，即决定滑块的加力位置，再根据加力位置决定 A 点位置和有关构件的长度。

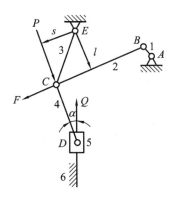

图 3.4 - 34　曲柄增力机构

12. 曲柄滑块机构与齿轮齿条机构的组合

结构说明：图 3.4 - 35 所示机构由偏置曲柄滑块机构与齿轮齿条机构串联组合而成。其中下齿条为固定齿条，上齿条做往复移动。

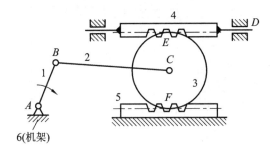

图 3.4 - 35　曲柄滑块机构与齿轮齿条机构的组合

工作特点：此组合机构最重要的特点是上齿条的行程比齿轮 3 的铰接中心点 C 的行程大一倍。此外，由于齿轮中心 C 的轨迹对于点 A 偏置，所以上齿条的往复运动有急回特性。

当主动件曲柄 1 转动时，通过连杆 2 推动齿轮 3 与上、下齿条啮合传动。下齿条 5 固定，上齿条 4 做往复移动，齿条移动行程 $H = 4R$（R 为齿轮 3 的分度圆半径），故采用此种机构可实现行程的放大。

六、实验步骤

（1）掌握实验原理。

（2）熟悉实验设备的零件组成及零件功用。

（3）自拟机构运动方案或选择实验指导书中提供的机构运动方案作为拼接实验内容。

（4）将拟订的机构运动方案根据机构组成原理按杆组进行正确拆分，并用机构运动简图表示。

（5）拼装机构运动方案。

（6）根据所拼装机构类型拟定传感器安装方案，正确安装传感器并保证机构正常运转。

（7）根据说明书，使用实验平台测试分析系统软件进行操作测试。

七、附录

机构运动创新方案实验台组件清单 　　　　　　　　件/套

序号	名　称	图示及图号	规格	数量	使用说明及标号
1	凸轮 高副锁紧 弹簧	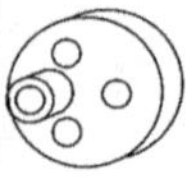 jyf10 　　　jyf19	推程 30 mm 回程 30 mm	各 4	凸轮推/回程均为 正弦加速度运动规律 1
2	齿轮	 jyf8 jyf7	标准直齿轮 $Z=34$ $Z=42$	4 4	2—1 2—2
3	齿条	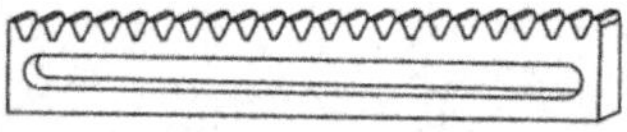 jyf9	标准直齿条	4	3
4	槽轮拨盘	 jyf11-2		1	4
5	槽轮	 jyf11-1	四　　槽	1	5
6	主动轴	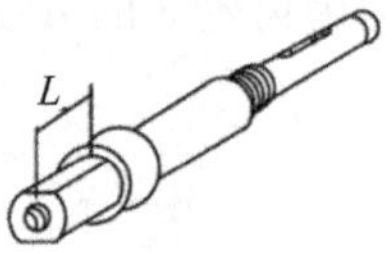 jyf5	5 mm 20 mm $L=35$ mm 50 mm 65 mm	4 4 4 4 2	6—1 6—2 6—3 6—4 6—5
7	转动副轴 （或滑块） —3	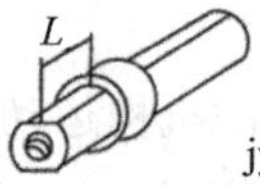 jyf25	5 mm $L=15$ mm 30 mm	6 4 3	7—1 7—2 7—3
8	扁头轴	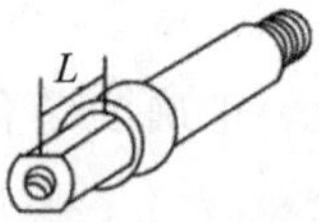 jyf6-2	5 mm 20 mm $L=35$ mm 50 mm 65 mm	16 12 12 10 8	8—1 8—2 8—3 8—4 8—5

续表一

序号	名　称	图示及图号	规格	数量	使用说明及标号
9	主动滑块插件	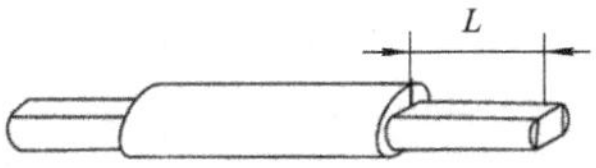 jyf42	$L=\dfrac{40\ \text{mm}}{55\ \text{mm}}$	1 1	与主动滑块座固连，可组成做直线运动的主动滑块 9—1 9—2
10	主动滑块座	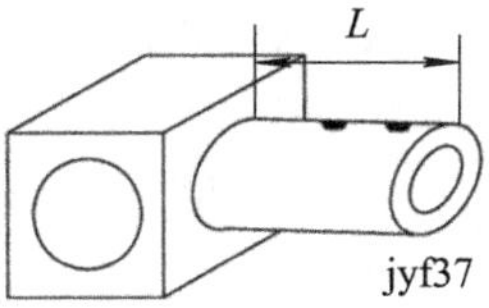 jyf37	$L=\dfrac{30\ \text{mm}}{50\ \text{mm}}$	2 1	与直线电机齿条固连 10
11	连杆（或滑块导向杆）	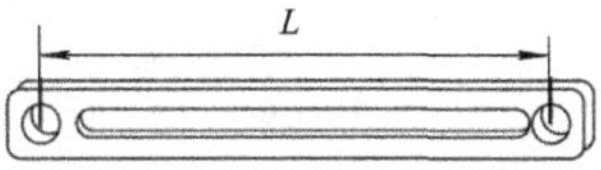 jyf16	50 mm 100 mm 150 mm $L=$ 200 mm 250 mm 300 mm 350 mm	8 8 8 8 8 8 8	11—1 11—2 11—3 11—4 11—5 11—6 11—7
12	压紧连杆用特制垫片	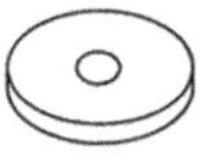 jyf23	内孔 $\phi6.5$ mm	16	将连杆固定在主动轴或固定轴上时使用 12
13	转动副轴（或滑块）—2	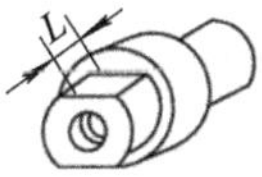 jyf20	$L=\dfrac{5\ \text{mm}}{20\ \text{mm}}$	各8	与20号件配用，可与连杆在固定位置形成转动副 13—1 13—2
14	转动副轴（或滑块）—1	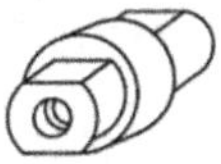 jyf12-1		16	两构件形成转动副时用作滑块 14 或 14—1
15	带垫片螺栓	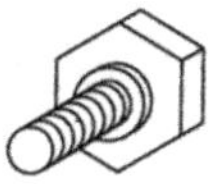 jyf14	M6	48	用于加长转动副轴或固定轴的轴长 15
16	压紧螺栓	 jyf13	M6	48	与转动副轴或固定轴配用 16

续表二

序号	名　称	图示及图号	规格	数量	使用说明及标号
17	运动构件层面限位套	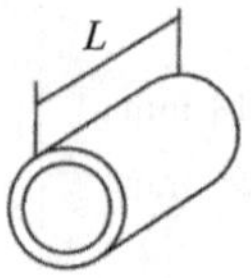 jyf15	5 mm 15 mm L=30 mm 45 mm 60 mm	35 40 20 20 10	17—1 17—2 17—3 17—4 17—5
18	电机带轮、主动轴皮带轮	 jyf36 jyf45	大孔轴（用于旋转电机） 小孔轴（用于主动轴）	3 3	大皮带轮已安装在旋转电机轴上 18
19	盘杆转动轴	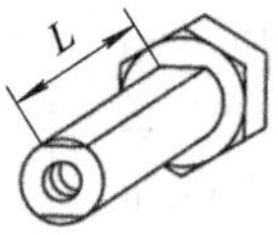 jyf24	20 mm L=35 mm 45 mm	6 6 4	盘类零件与连杆形成转动副时用 19—1 19—2 19—3
20	固定转轴块	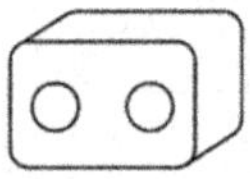 jyf22		8	与13号件配用 20
21	加长连杆或固定凸轮弹簧用螺栓、螺母	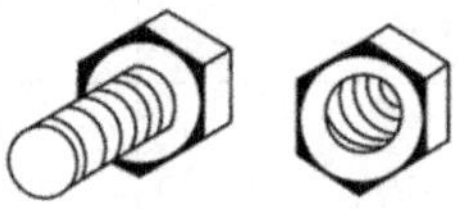 jyf21	M10	各18	用于两连杆加长时的锁定或固定弹簧 21
22	曲柄双连杆部件	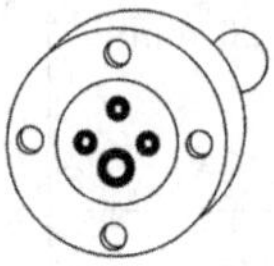 jyf17	组合件	4	22
23	齿条导向板	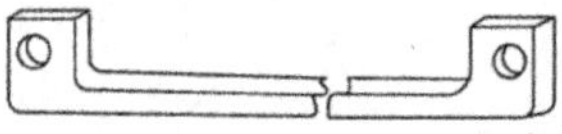 jyf18		8	23
24	转动副轴（或滑块）—4	 jyf12-2		16	两构件形成转动副时用作滑块使用 24
25	安装电机座、行程开关座用内六角螺栓/平垫	标准件	M8×25 ϕ8	各20	

序号	名　称	图示及图号	规格	数量	使用说明及标号
26	内六角螺钉	标准件	M6×15	4	用于将主动滑块座固定在直线电机齿条上
27	内六角紧定螺钉	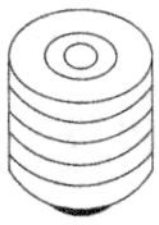	M6×6 mm	18	将盘类零件固定在轴上
28	滑块	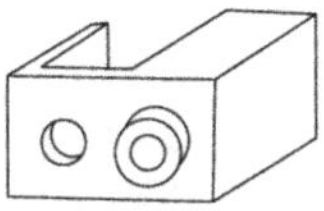 jyf33 jyf34		64	已与机架相连，支撑轴并在机架平面内沿铅垂方向上下移动
29	实验台机架	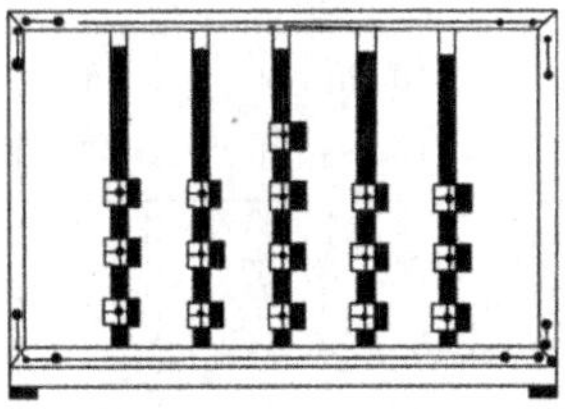 jyf31		4	动立柱5根在机架平面沿水平方向移动
30	立柱垫圈	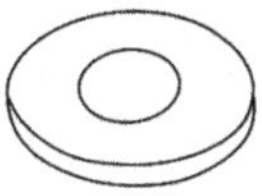 jyf44	$\phi9$	40	已与机架相连用于固定立柱
31	锁紧滑块方螺母	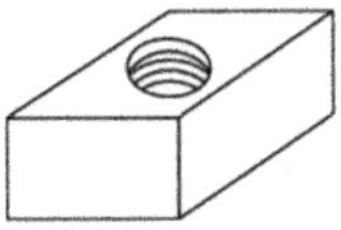 jyf46	M6	64	已与滑块相连
32	T形螺母	 jyf43		20	卡在机架的长槽内，可轻松用螺栓固定电机座
33	行程开关支座，配内六角头螺栓、平垫	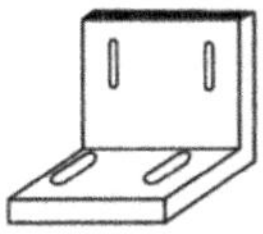 jyf40	M5×15 $\phi5$	4 8 8	用于行程开关与其座的连接，行程开关的安装高度可在长孔内进行调节
34	平垫片、防脱螺母	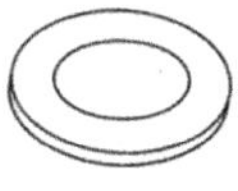 	$\phi17$ M12	20 76	轴相对机架不转动时使用，防止轴从机架上脱出
35	转速电机座	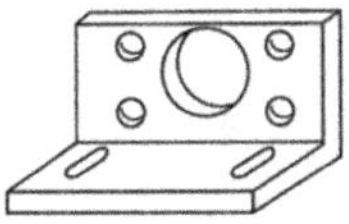 jyf38		3	已与电机相连

序号	名　称	图示及图号	规格	数量	使用说明及标号
36	直线电机座	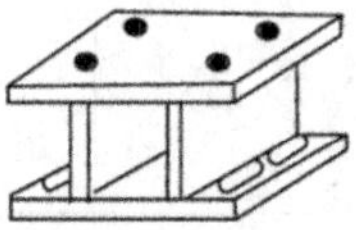 jyf39		1	已与电机相连
37	平键	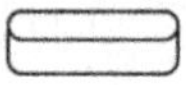	3×15	20	主动轴与皮带轮的连接
38	直线电机控制器			1	与行程开关配用可控制直线电机的往复运动行程
39	皮带	标准件	O 型	3	
40	直线电机、旋转电机		10 mm/s 10 r/min	1 3	配电机行程开关一对
41	工具	活动扳手 内六角扳手	6寸　8寸 BM－3C 4C 5C 6C	各1 各2	
42	使用说明书			1	内附装箱清单

实 验 报 告

姓名		学号		班级	
组别		实验日期		成绩	

一、实验目的

(1) 加深学生对机构组成理论的认识，熟悉杆组概念，为机构创新设计奠定良好基础。

(2) 利用若干不同杆组拼接各种平面机构，以培养学生对机构运动方案的创新设计意识及综合设计能力，训练学生的工程实践动手能力。

(3) 了解机构运动参数包括位移、速度、加速度的测定方法。

(4) 了解各种不同机构运动构件的运动特性。

二、实验设备及工具(详细规格见零件清单)

(1) JYCS-Ⅱ型机构运动方案创新设计实验台，计算机，实验软件。

(2) 一字起子、梅花起子，M5、M6、M8 内六角扳手，6 或 8 英寸活动扳手，橡皮锤，1 米卷尺，笔和纸。

三、思考题

(1) 绘制实际拼接的机构运动方案简图，并在简图中标识实测所得的机构运动学尺寸。

(2) 简要说明机构杆组的拆组过程，并画出所拆机构的杆组简图。

(3) 根据你所拆分的杆组，按不同的顺序排列杆组，可能组合的机构运动方案有哪些？要求用机构运动简图表示出来，就运动传递情况作方案比较，并作简要说明。

(4) 利用不同的杆组进行机构拼接，得到了哪些有创意的机构运动方案？用机构运动简图示意创新机构运动方案。

(5) 拼装出一种或多种典型机构，通过实测曲线分析其运动规律，比较其差异并分析其原因。

实验五　机械系统集成实验

一、实验目的

（1）利用给定的实验平台及零部件库，组合出满足一定要求的机械系统。

（2）通过实验测试，分析机械系统的性能，评价传动方案的优劣。

（3）了解机械系统输入端转矩、转速与输出端转矩、转速的变化关系。

二、实验设备

该实验的实验设备是 PYS-Ⅲ型机械系统集成及参数可视化实验台。

该实验台由机械平台（包括零部件库）、检测系统（包括相关传感器）及软件平台三部分组成。机械平台主要由底座（安装平台）、驱动源、模拟负载、离合器部件、变载荷以及减速器、联轴器、带、链、三角带轮、链轮库、基本机构（杆机构、槽轮机构）等组成。可根据需要按一定的形式组合成不同的机械系统。

三、实验原理

机械系统是机械的重要组成部分，其作用不仅是为了实现变速、转换运动形式和使各执行构件协调配合工作等运动要求，同时还把原动机输出的功率和转矩传递到执行构件上去，以克服生产阻力。也就是说，实现预期运动和传递动力是机械系统的两个基本任务，也是机械系统设计时所需解决的两个主要问题，实验台为此提供了一个实践的平台，使用者可通过设计和组装实践加深对机械系统设计的综合认识，启迪创新思维。

1. 机械系统的组成

机械系统主要由动力机、传动装置和工作机三部分组成。现代机器常把上述三部分合成一个整体而自成一个机械系统。这时工作机就是机器中的执行机构，动力机则是机器中的驱动部分。现代机械系统除了包括上述三部分外，还常带有控制-操纵单元和辅助单元。实验台提供了电机转速控制、负载控制部分及系统参数检测部分。

2. 传动部件的结构及性能

对组成机械系统的动力及传动部件的选择，决定了机械系统的动力性能及结构。它包括以下主要部件：电机、联轴器、减速器、带与链传动机构、杆机构、负载装置。

3. 检测系统

检测系统利用 48 系列单片机作为中央处理器，系统中含有滤波、整形、A/D 转换、控制器（调速）等电路，能检测机械系统中的力、直线位移、角位移等机械信号，并能利用按键和计算机控制命令控制单片机输出脉冲宽度，进而对电机转速进行控制和调节。

四、实验步骤

（1）根据要求设计机械系统。如：

① 静态负载方案；

② 动态负载方案；

③ 指定传动比方案；

④ 带杆执行机构的传动方案。

（2）根据设计或给定方案选择传动零部件并进行装配，可参考产品的装配图。

（3）对所装配的机械系统进行调整，并用手拨动进行试运行，以确保系统的正常工作。

（4）通电运行机械系统，观察其运行状态，找出装配不合理的地方进行分析、调整。

（5）连接相关传感器，并使数据采集部分与计算机相连，运行软件对机械系统进行数据采集及数据分析。

（6）根据分析结果与设计目标的差异对机械系统进行再调整。

（7）对已完成的机械系统进行评估（包括功能目标、结构优劣、动力学、运动学特征等）

（8）完成实验报告。

实 验 报 告

姓名		学号		班级	
组别		实验日期		成绩	

一、实验目的

(1) 利用给定的实验平台及零部件库，组合出满足一定要求的机械系统。

(2) 通过实验测试，分析机械系统的性能，评价传动方案的优劣。

(3) 了解机械系统输入端转矩、转速与输出端转矩、转速的变化关系。

二、实验设备

本实验的实验设备是 PYS-Ⅲ型机械系统集成及参数可视化实验台。

三、实验记录

实验记录 1：

序号	加载电压 /V	输入转速 n_1/(r/min)	输出转速 n_2/(r/min)	输入转矩 M_1/(kg·m)	输出转矩 M_2/(kg·m)	输入功率 P_1/kW	输出功率 P_2/kW	速比 i	效率 η(%)
1									
2									
3									
4									
5									
6									

实验记录 2：

方案编号	要求转矩 M_2/(kg·m)	要求转速 n_1/(r/min)	实测转矩 M_2/(kg·m)	实测转速 n_2/(r/min)	效率 η（%）	成本 /元	噪声 /dB	评定
1	6.5	130						
2	6.5	130						

四、实验分析

(1) 绘制出机械系统的传动方案简图。

(2) 机械系统运行状况如何？是否有运动冲击？

(3) 通过对不同机械系统的效率、动态特性、噪声等性能指标的测试，结合成本分析、评价机械系统传动方案的优劣。

（4）找出机械系统装配结构的优缺点，提出改进意见。

五、思考题

（1）影响机械系统效率的因素是什么？当系统已定时，系统效率应是常数还是变数？

（2）随着输出转矩 M_2 的增加，电机输入转速 n_1 与输出转速 n_2 为什么会下降？绘制 n_1—n_2 的关系曲线。

（3）随着输出转矩 M_2 的增加，输入转矩 M_1 增加的幅度随什么变化？如果输出转矩 $M_2 = 0$，输入转矩 M_1 等于多少？绘制转矩 M_1—M_2 及功率 P_1—P_2 的关系曲线。

（4）较好的机械系统方案是哪一个？为什么？

（5）在要求的转矩与转速下，还有更好的方案吗？

六、实验心得

实验六　机械传动性能综合实验

一、实验目的

（1）学会拟定机械传动方案。

（2）利用所给实验平台及零部件库，按拟定机械传动方案自主搭建出满足一定要求的机械传动系统。

（3）通过测试不同机械传动装置在传递运动与动力过程中的参数曲线（速度曲线、转矩曲线、传动比曲线、功率曲线及效率曲线等），加深对常见机械传动性能的认识和理解。

（4）了解机械传动系统输入端转矩、转速与输出端转矩、转速的变化关系。

（5）通过测试由常见机械传动组成的不同机械传动系统的参数曲线，分析机械系统的性能，评价传动方案的优劣，掌握机械传动合理布置的基本要求。

（6）通过实验培养学生进行设计性、创新性实验及自主实验的能力。

二、实验原理

本实验所使用的机械传动性能综合测试实验台由不同种类的机械传动装置（被试传动机构）、联轴器、变频电机、加载装置等组成，扭矩传感器（转矩转速传感器）和采样控制卡连接，配以实验软件，由测试软件控制传动系统性能参数的测量，如图 3.6-1 所示。学生可自行设计机械传动实验方案，自己动手进行传动连接、安装调试和测试，进行设计性实验、综合性实验或创新性实验。

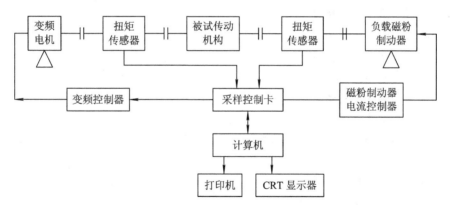

图 3.6-1　机械传动性能综合测试实验台工作原理

三、实验设备

本实验的实验设备是机械传动性能综合测试实验台，见图 3.6-2。

（一）主要结构的组成及调整

该实验台主要由控制（配件）柜、安装平板、驱动源、负载以及减速器、联轴器、传动支承组件、带、链、三角带轮、链轮库等组成。可根据需要按一定的形式组合成 13 大类、30

几种机械传动系统。其中底座控制（配件）柜、安装平板、驱动源、负载、减速器、传动支承组件为整体结构。安装平板上加工了 T 型槽（横向 4 根，纵向 6 根），可满足不同机械传动系统安装的需要。减速器有蜗轮蜗杆减速器、圆柱齿轮减速器、摆线针轮减速器三种。

图 3.6-2　机械传动性能综合测试实验台

可拼装组合的类型有：

（1）摆线针轮传动；

（2）圆柱齿轮传动；

（3）蜗轮蜗杆传动；

（4）带传动：

① 三角皮带传动

② 平皮带传动

③ 同步带传动

（5）滚子链传动；

（6）带—链组合传动：

① 三角皮带—链传动

② 同步带—链传动

（7）带—齿轮传动：

① 三角皮带—圆柱齿轮传动

② 三角皮带—摆线针轮传动

③ 平皮带—圆柱齿轮传动

④ 平皮带—摆线针轮传动

⑤ 同步带—圆柱齿轮传动

⑥ 同步带—摆线针轮传动

（8）滚子链—齿轮传动：

① 滚子链—圆柱齿轮传动

② 滚子链—摆线针轮传动

（9）摆线针轮—圆柱齿轮组合传动；

（10）齿轮—带传动：

① 圆柱齿轮—三角皮带传动

② 摆线针轮—三角皮带传动

③ 圆柱齿轮—平皮带传动

④ 摆线针轮—平皮带传动

⑤ 圆柱齿轮—同步带传动

⑥ 摆线针轮—同步带传动

（11）齿轮—滚子链传动：

① 圆柱齿轮—滚子链传动

② 摆线针轮—滚子链传动

（12）弹性柱销联轴器传动。

下面对本实验台的几大组成部分分别加以介绍。

1．控制（配件）柜的组成

图 3.6-3 所示为控制（配件）柜的组成。

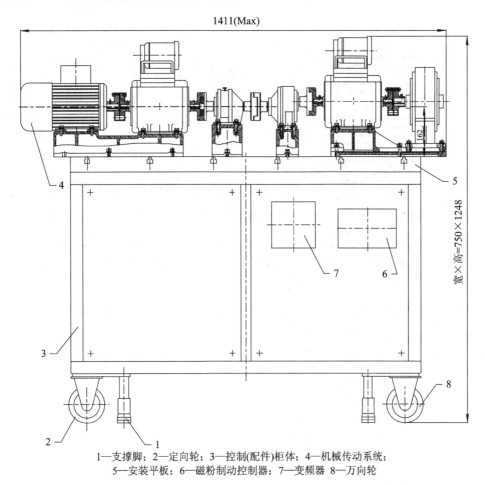

1—支撑脚；2—定向轮；3—控制（配件）柜体；4—机械传动系统；
5—安装平板；6—磁粉制动控制器；7—变频器　8—万向轮

图 3.6-3　控制（配件）柜的组成

（1）控制（配件）柜体 3 采用 δ3 优质钢板经弯曲成形后焊接而成，其框架内框固定有四扇柜门，可自由开启方便零配件的存取。其下布四角安装有四个支撑脚 1 和定向轮 2、万向轮 8 各两个。其上通过螺栓固定有安装平板 5，安装平板 5 用作组装各种不同类型的机械传动系统的安装基准和固定平台。

（2）调整支撑脚 1 可找平安装平板 5 并起支承作用。定向轮 2、万向轮 8 可在短距离内移动该实验台。

（3）控制（配件）柜体 3 内还安装有控制测试系统及磁粉制动器控制器 6、变频器 7 等，并装有 RS-232 标准串行通信接口。

2．驱动源的组成和结构

图 3.6-4 所示为驱动源的组成和结构。

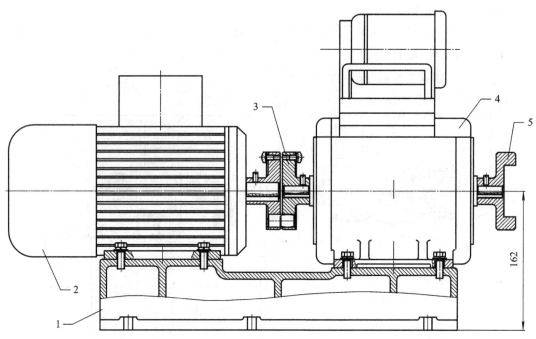

1—电机底板；2—变频调速电机；3—弹性柱销联轴器；4—转矩转速传感器；5—弹性柱销半联轴器

图 3.6-4　驱动源的结构

驱动源由安装在电机底板 1 上的变频调速电机 2 和转矩转速传感器 4 等组成。变频调速电机 2 和转矩转速传感器 4 采用弹性柱销联轴器 3 连接并传递转矩。转矩转速传感器 4 上的弹性柱销半联轴器 5 用于与其他传动件连接并输出变频调速电机 2 的动力。通过调节变频器可改变变频调速电机 2 的转速。

※ 驱动源的中心高及同轴度在出厂前均已调整测试合格，在组合使用中请勿随意松动紧固螺栓，以免影响测试精度和传感器的使用寿命。

※ 传感器应避免在剧烈震动和高温潮湿环境中使用和保管，其他注意事项详见转矩转速传感器使用说明书。

3. 负载的组成和结构

图 3.6-5 所示为负载的组成和结构。

负载由安装在负载底板 1 上的转矩转速传感器 3 和磁粉制动器 5 等组成。转矩转速传感器 3 和磁粉制动器 5 采用弹性柱销联轴器 4 连接并传递扭矩。转矩转速传感器 3 上的弹性柱销半联轴器 2 用于与其他传动件连接。通过调节磁粉制动器的控制器可改变磁粉制动器 5 的制动力的大小。

※ 负载的中心高及同轴度在出厂前均已调整测试合格，在组合使用中请勿随意松动紧固螺栓，以免影响测试精度和传感器的使用寿命。

※ 磁粉制动器在运输过程中，常使磁粉聚集到某处，有时甚至会出现"卡死"现象，此时只需将制动器整体翻动，使磁粉松散开来，或用杠杆撬动；同时，在使用前应进行跑合运转，并先通电运转几秒后断电再通电，反复几次。

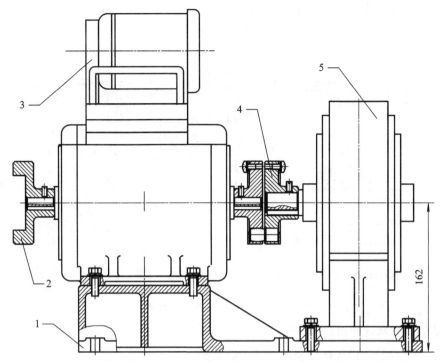

1—负载底板；2—弹性柱销半联轴器；3—转矩转速传感器；4—弹性柱销联轴器；5—磁粉制动器

图 3.6 - 5　负载的结构

4. 传动支承组件的结构和组成

图 3.6 - 6 所示为传动支承组件的结构和组成。

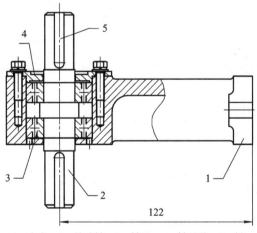

1—支座；2—传动轴；3—轴承；4—轴承盖；5—键

图 3.6 - 6　传动支承组件的结构

传动支承组件由支承于两个轴承 3 内圈的传动轴 2 和外圈支承于支座 1 的内孔中的零件组成。轴承盖 4 通过螺栓固定在支座 1 上起轴向定位作用。传动轴 2 两端的键 5 用于根据组合需要连接弹性柱销联轴器或相关传动部件，如与带轮、链轮连接等。

5.蜗轮蜗杆减速器组合的结构

图 3.6-7 所示为蜗轮蜗杆减速器组合的结构。

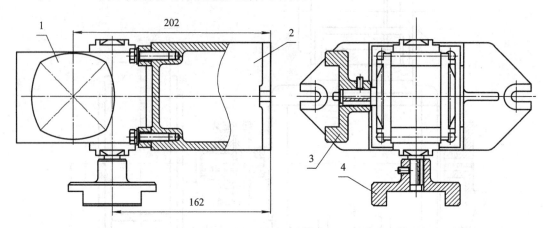

1—蜗轮减速器；2—支座；3—弹性柱销半联轴器(孔径 $\phi17$)；4—弹性柱销半联轴器(孔径 $\phi12$)

图 3.6-7　蜗轮减速器组合的结构

6.摆线针轮减速器组合的结构

图 3.6-8 所示为摆线针轮减速器组合的结构。

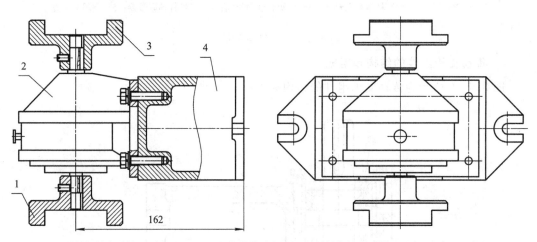

1—弹性柱销半联轴器(孔径 $\phi14$)；2—摆线针轮减速器；3—弹性柱销半联轴器(孔径 $\phi18$)；4—支座

图 3.6-8　摆线针轮减速器组合的结构

7.圆柱齿轮减速器组合的结构

图 3.6-9 所示为圆柱齿轮减速器组合的结构。

(二)组合装配说明

组合装配开始之前，确定所要组合的传动类型后，选好相应的零部件并清除安装基准上的杂物。

1.摆线针轮减速器传动的装配说明

图 3.6-10 所示为摆线针轮减速器传动的装配。

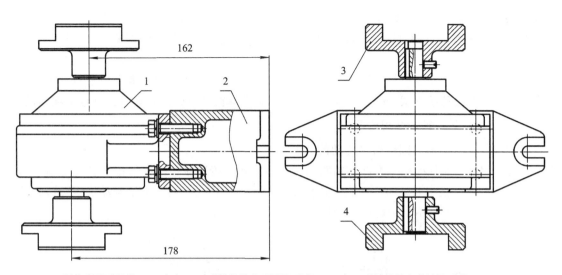

1—圆柱齿轮减速器；2—支座；3—弹性柱销半联轴器(孔径ϕ16)；4—弹性柱销半联轴器(孔径ϕ20)

图 3.6 - 9　圆柱齿轮减速器组合的结构

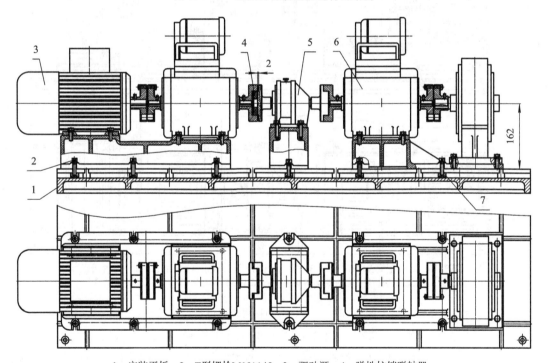

1—安装平板；2—T型螺栓M10×45；3—驱动源；4—弹性柱销联轴器；
5—摆线针轮减速器；6—负载；7—螺母M10

图 3.6 - 10　摆线针轮传动

传动路线：变频电机—弹性柱销联轴器—转矩转速传感器—弹性柱销联轴器—摆线针轮减速器—弹性柱销联轴器—转矩转速传感器—弹性柱销联轴器—磁粉制动器(负载)。

(1) 按图 3.6 - 10 所示选取组合用的零部件及标准件。

(2) 将 T 型槽用螺栓 2 插入安装平板 1 上相应的 T 型槽内，并将驱动源 3、摆线针轮减速器 5、负载 6 放在安装平板 1 的相应位置。在摆线针轮减速器的输入、输出轴上装上相应的弹性柱销联轴器(参见本节附录一)。在各支座上 T 型槽用螺栓的安装位置上拧入螺母 M10。

(3)用手转动变频电机 3 上的弹性柱销联轴器,感觉灵活自如无卡滞现象后方可拧紧螺钉,然后进行各项测试。若中心高误差较大,采用铜板调节后再启动电机进行各项测试。

2. 圆柱齿轮传动的装配说明

图 3.6－11 所示为圆柱齿轮传动的装配。

传动路线:变频电机—弹性柱销联轴器—转矩转速传感器—弹性柱销联轴器—圆柱齿轮减速器—弹性柱销联轴器—转矩转速传感器—弹性柱销联轴器—磁粉制动器(负载)。

(1)按图 3.6－11 所示选取组合用的零部件及标准件。

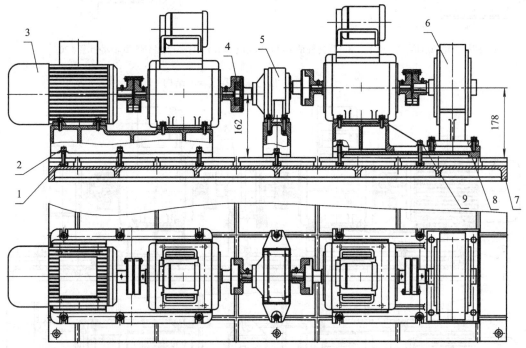

1—螺母M10;2—T型螺栓M10×45;3—驱动源;4—弹性柱销联轴器;5—圆柱齿轮减速器;
6—负载;7—安装平板;8—磁粉制动器底座;9—T型螺栓M10×55

图 3.6－11 圆柱齿轮传动

(2)将 T 型槽用螺栓 2 插入安装平板 7 上相应的 T 型槽内,并将驱动源 3、圆柱齿轮减速器 5 及齿轮箱底板、负载 6 放在安装平板 7 的相应位置上。在圆柱齿轮减速箱的输入、输出轴上装上相应的弹性柱销联轴器(参见本节附录一),在各支座上 T 型槽用螺栓的安装位置上拧入螺母 M10。

(3)用手转动驱动源 3 上的弹性柱销联轴器,感觉灵活自如无卡滞现象后方可拧紧螺钉,然后进行各项测试。若中心高误差较大,采用铜板调节后再启动电机进行各项测试。

3. 蜗轮蜗杆传动的装配说明

图 3.6－12 所示为蜗轮蜗杆传动的装配。

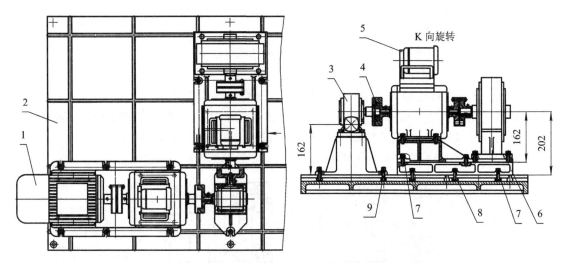

1—驱动源；2—安装平板；3—蜗轮减速器；4—弹性柱销联轴器；5—负载；
6—蜗轮减速器底座；7—T型螺栓M10×40；8—螺母M10；9—T型螺栓M10×45

图 3.6 - 12　蜗轮蜗杆传动

传动路线：变频电机—弹性柱销联轴器—转矩转速传感器—弹性柱销联轴器—蜗轮减速器—弹性柱销联轴器—转矩转速传感器 —弹性柱销联轴器—磁粉制动器(负载)。

（1）按图 3.6 - 12 所示选取组合用的零部件及标准件。

（2）将 T 型槽用螺栓 7 插入安装平板 2 上相应的 T 型槽内，并将驱动源 1、蜗轮减速器 3、负载 5 及负载(蜗杆)调整块的组合体放在安装平板 2 的相应位置上。在蜗轮减速器的输出、输入轴上装上相关弹性柱销联轴器，在各支座上 T 型槽用螺栓的安装位置上拧入螺母 M10。

（3）用手转动驱动源 1 上的弹性柱销联轴器，感觉灵活自如无卡滞现象后方可拧紧螺钉，然后进行各项测试。若中心高误差较大，应采用铜板调节后再启动电机进行各项测试。

4. 三角带(套筒滚子链、平皮带、齿形带)传动的装配说明

图 3.6 - 13 所示为三角带(套筒滚子链、平皮带、齿形带)传动的装配。

传动路线：变频电机—弹性柱销联轴器—转矩转速传感器—弹性柱销联轴器—传动支承组件—三角带传动(平皮带传动、同步带传动、链传动)—传动支承组件—弹性柱销联轴器—转矩转速传感器 —弹性柱销联轴器—磁粉制动器(负载)。

（1）带或链传动的参数：

① 三角带传动：

小三角带轮 $D_1 = 80$ mm，大三角带轮 $D_2 = 110$ mm，

参考中心距 $L = 400$ mm，三角带规格 O - 1120 mm；

② 平皮带传动：

小带轮 $D_1 = 86$ mm，大带轮 $D_2 = 112$ mm，大带轮 $D_3 = 112$ mm，

参考中心距 $L = 400$ mm，平皮带规格 1100 mm×12 mm×2 mm；

③ 同步带传动：

节距 $p = 5$，小带轮齿数 $z_1 = 40$，大带轮齿数 $z_2 = 62$，

参考中心距 $L=400$ mm，其中齿形带规格：节距 $p=5$，带长 $L=1050$ mm；

④ 套筒滚子链传动：

节距 $p=12.70$，小链轮齿数 $z_1=17$，大链轮齿数 $z_2=25$，

参考中心距 $L=400$ mm，单排88节。

（2）带或链轮在传动支承轴伸处的连接方式见图3.6-13。

带或链轮在传动支承轴伸处的连接可采用将过渡法兰盘2用M6×20的内六角圆柱头螺钉5与带轮或链轮6固定的方式（见图3.6-13左图），或通过轴套7直接将带轮或链轮6安装在轴上（见图3.6-13的中图）的方式。

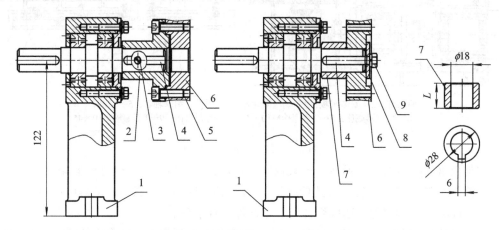

1—传动支承；2—过渡法兰盘；3—紧定螺钉；4—键；
5—内六角圆柱头螺钉；6—带轮或链轮；7—轴套；8—轴挡；9—螺栓

图3.6-13 带或链轮在传动支承组件轴伸处连接方式

（3）按图3.6-14所示确定搭接方式，选取组合用的零部件及标准件。

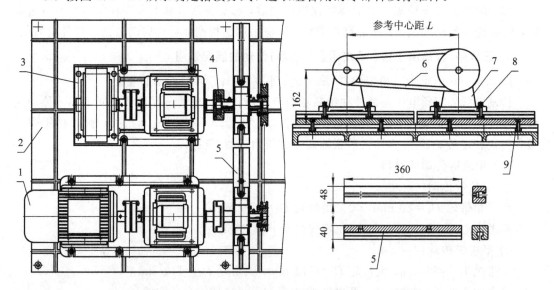

1—驱动源；2—安装平板；3—负载；4—弹性柱销联轴器；5—T型滑槽；
6—带或链传动；7—传动支承组件；8—T型螺栓M10×45；9—螺母M10

图3.6-14 三角带（套筒滚子链、平皮带、齿形带）传动

（4）按图 3.6-13 所示，将传动所需的带轮或链轮任选一种安装方式固定在图 3.6-14 所示的传动支承组件 7 上，其另一端轴伸处连接弹性柱销半联轴器。

（5）将 T 型槽用螺栓 8 插入安装平板 2 上相应的 T 型槽内，并将驱动源 1、负载 3、步骤（4）中安装好的传动支承组件组合体及 T 型滑槽 5 放在安装平板 2 的相应位置上。确定传动中心距后装好皮带或链条。在传动轴上装上相关弹性柱销联轴器，在各支座上 T 型槽用螺栓的安装位置上拧入螺母 M10。

（6）用手转动驱动源 1 上的弹性柱销联轴器，感觉灵活自如无卡滞现象后方可拧紧螺钉，然后进行各项测试。若中心高误差较大，采用铜板调节后再启动电机进行各项测试。

5. 三角带(同步带)传动-链传动的装配说明

图 3.6-15 所示为三角带(同步带)传动-链传动的装配。

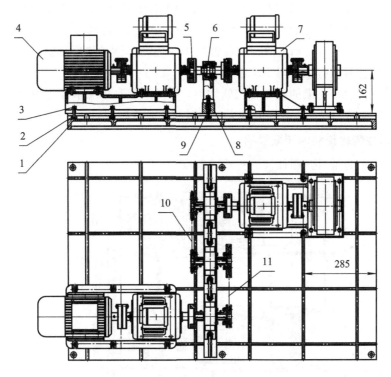

1—安装平板；2—螺母 M10；3—T 型螺栓 M10×45；4—驱动源；5—弹性柱销联轴器；
6—传动支承组件；7—负载；8—T 型滑槽；9—T 型螺栓 M10×45；10—链传动；11—带传动

图 3.6-15　三角带(同步带)传动-链传动

传动路线：变频电机—弹性柱销联轴器—转矩转速传感器—弹性柱销联轴器—传动支承组件—三角带(同步带)传动—传动支承组件—链传动—传动支承组件—弹性柱销联轴器—转矩转速传感器—弹性柱销联轴器—磁粉制动器(负载)。

（1）带或链传动的参数：

① 三角带传动：

小三角带轮 $D_1=80$ mm，大三角带轮 $D_2=110$ mm，

参考中心距 $L=400$ mm，三角带规格 O—1120；

② 同步带传动：

节距 $p=5$，小带轮齿数 $z_1=40$，大带轮齿数 $z_2=62$，

参考中心距 $L=400$ mm，其中齿形带规格：节距 $p=5$，带长 $L=1050$ mm；

③ 套筒滚子链传动：

节距 $p=12.70$，小链轮齿数 $z_1=20$，大链轮齿数 $z_2=25$，

参考中心距 $L=400$ mm，单排 88 节。

（2）按图 3.6-15 所示确定搭接方式，选取组合用的零部件及标准件，并初步确定好负载 7 的位置。

（3）按图 3.6-13 所示，将传动所需的带轮或链轮任选一种安装方式固定在图 3.6-15 所示的传动支承组件 6 上，并根据搭接需要在两个传动支承组件 6 的另一端轴伸处连接弹性柱销半联轴器。

（4）将 T 型槽用螺栓 3 插入安装平板 1 上相应的 T 型槽内，并将驱动源 4、按步骤（3）安装好的传动支承组件组合体及 T 型滑槽 8 放在安装平板 1 的相应位置上。确定传动中心距后装好皮带或链条。在传动轴上的相关位置装上相应的弹性柱销联轴器，在各支座上 T 型槽用螺栓的安装位置上拧入螺母 M10。

（5）用手转动驱动源 4 上的弹性柱销联轴器，感觉灵活自如无卡滞现象后方可拧紧螺钉，然后进行各项测试。若中心高误差较大，采用铜板调节后再启动电机进行各项测试。

6. 带/链-圆柱齿轮传动的装配说明

图 3.6-16 所示为带/链-圆柱齿轮传动的装配。

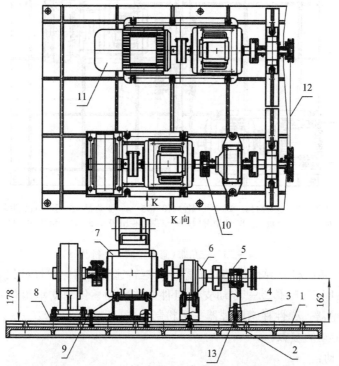

1—安装平板；2—螺母 M10；3—T 型滑槽；4—T 型螺栓 M10×45；5—传动支承组件；
6—圆柱齿轮减速器；7—负载；8—T 型滑槽；9—T 型螺栓 M10×45；
10—弹性柱销联轴器；11—驱动源；12—带/链传动；13—T 型螺栓 M10×60

图 3.6-16　带/链-圆柱齿轮传动

传动路线：变频电机—弹性柱销联轴器—转矩转速传感器—弹性柱销联轴器—传动支承组件—三角带传动（平皮带传动、齿形带传动、链传动）— 传动支承组件—弹性柱销联轴器—圆柱齿轮减速器—弹性柱销联轴器—转矩转速传感器—弹性柱销联轴器—磁粉制动器（负载）。

（1）带或链传动的参数见 4.1 节中带或链传动的参数。

（2）按图 3.6-16 所示确定搭接方式，选取组合用的零部件及标准件。

（3）按图 3.6-13 所示，将传动所需的带轮或链轮任选一种安装方式固定在图 3.6-16 所示的传动支承组件 5 上，其另一端轴伸处连接弹性柱销半联轴器。

（4）将 T 型槽用螺栓 4 插入安装平板 1 上的相应的 T 型槽内，并将驱动源 11、负载 7 和按步骤(3)安装好的传动支承组件组合体及 T 型滑槽 3 放在安装平板 1 的相应位置上。确定传动中心距后装好皮带或链条。在传动轴上装好弹性柱销联轴器，在各支座上 T 型槽用螺栓的安装位置上拧入螺母 M10。

（5）用手转动驱动源 11 上的弹性柱销联轴器，感觉灵活自如无卡滞现象后方可拧紧螺钉，然后进行各项测试。若中心高误差较大，采用铜板调节后再启动电机进行各项测试。

7. 带/链-摆线针轮传动的装配说明

图 3.6-17 所示为带/链-摆线针轮传动的装配。

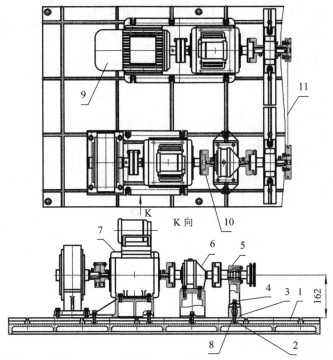

1—安装平板；2—螺母M10；3—T型滑槽；4—T型螺栓M10×45；5—传动支承组件；
6—摆线针轮减速器；7—负载；8—T型滑槽；9—驱动源；10—弹性柱销联轴器；11—带/链传动

图 3.6-17　带/链-摆线针轮传动

传动路线：变频电机-弹性柱销联轴器—转矩转速传感器—弹性柱销联轴器—传动支承组件—三角带传动（平皮带传动、齿形带传动、链传动）— 传动支承组件—弹性柱销联轴器—摆线针轮减速器—弹性柱销联轴器—转矩转速传感器—弹性柱销联轴器—磁粉制动器（负载）。

（1）带或链传动的参数见 4.1 节中带或链传动的参数。

（2）按图 3.6-17 所示确定搭接方式，选取组合用的零部件及标准件。

（3）将 T 型槽用螺栓 4 插入安装平板 1 上相应的 T 型槽内，并将驱动源 9、负载 7、按步骤 6.(3)安装好的传动支承组件组合体及 T 型滑槽 3 放在安装平板 1 的相应位置上。确定传动中心距后装好皮带或链条。在传动轴上装上弹性柱销联轴器，在各支座上 T 型槽用螺栓的安装位置上拧入螺母 M10。

（4）用手转动驱动源 9 上的弹性柱销联轴器，感觉灵活自如无卡滞现象后方可拧紧螺钉，然后进行各项测试。若中心高误差较大，采用铜板调节后再启动电机进行各项测试。

8. 摆线针轮-圆柱齿轮传动的装配说明

图 3.6-18 所示为摆线针轮-圆柱齿轮传动的装配。

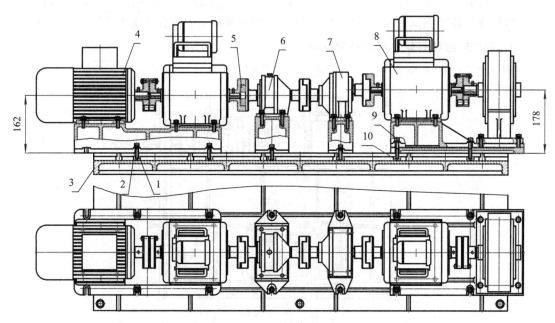

1—螺母M10；2—T型螺栓M10×45；3—安装平板；4—驱动源；5—弹性柱销联轴器；
6—摆线针轮减速器；7—圆柱齿轮减速器；8—负载； 9—T型螺栓M10×55；10—螺母M10

图 3.6-18　摆线针轮-圆柱齿轮传动

传动路线：变频电机—弹性柱销联轴器—转矩转速传感器—弹性柱销联轴器—摆线针轮减速器—弹性柱销联轴器—圆柱齿轮减速器—弹性柱销联轴器—转矩转速传感器—弹性柱销联轴器—磁粉制动器（负载）。

（1）按图 3.6-18 所示确定搭接方式，选取组合用的零部件及标准件。

（2）将 T 型槽用螺栓 2 插入安装平板 3 上相应的 T 型槽内，并将驱动源 4、圆柱齿轮减速器组合 7、摆线针轮减速器 6、负载 8 放在安装平板 3 的相应位置上。装好弹性柱销联轴器，在各支座上 T 型槽用螺栓的安装位置上拧入螺母 M10。

（3）用手转动驱动源 4 上的弹性柱销联轴器，感觉灵活自如无卡滞现象后方可拧紧螺钉，然后进行各项测试。若中心高误差较大，采用铜板调节后再启动电机进行各项测试。

9. 弹性柱销联轴器传动的装配说明

图 3.6-19 所示为弹性柱销联轴器传动的装配。

传动路线：变频电机—弹性柱销联轴器—转矩转速传感器—弹性柱销联轴器—转矩转速传感器—弹性柱销联轴器—磁粉制动器（负载）。

（1）按图 3.6-19 所示选取组合用的零部件及标准件。

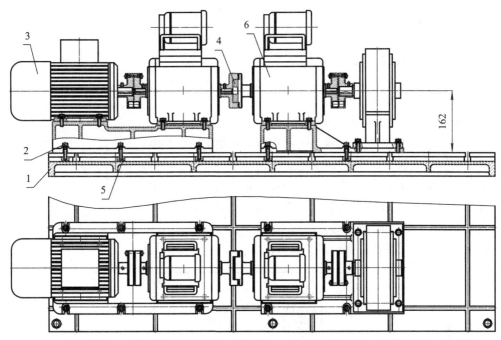

1—安装平板；2—T型螺栓M10×45；3—驱动源；4—弹性柱销联轴器；5—螺母M10；6—负载

图 3.6-19 弹性柱销联轴器传动

（2）将 T 型槽用螺栓 2 插入安装平板 1 上相应的 T 型槽内，并将驱动源 3、负载 6 放在安装平板 1 的相应位置上。装好弹性柱销联轴器 4，在各支座上 T 型槽用螺栓的安装位置上拧入螺母 M10。

（3）用手转动驱动源 3 上的弹性柱销联轴器，感觉灵活自如无卡滞现象后方可拧紧螺钉，然后进行各项测试。若中心高误差较大，采用铜板调节后再启动电机进行各项测试。

（三）实验台测试控制系统及工作原理

1. 测试控制系统的组成

测试控制系统如图 3.6-1 所示。

2. 测试系统的连接

本实验台可进行手动及自动操作。在实验台正面控制柜内的实验台控制面板（见图 3.6-20）上有手动与自动操作的转换按钮。采用手动操作时，主电机的启闭及其速度、输入输出传感器电机正反转及磁粉制动器电流大小的调节（即负载大小的调节）在实验台控制面板上完成，数据的采集由配套的测试软件完成；采用自动操作时，除主电机的启闭与手动操作一样外，其余均采用配套的测试软件完成。

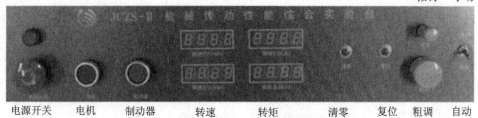

微调　手动

电源开关　电机　制动器　　转速　　转矩　　清零　复位　粗调　自动

图 3.6 - 20　控制柜控制操作面板

控制面板中各按钮(旋钮)的功能如下：

电源：接通、断开电源及主电机冷却风扇；

自动—手动：选择操作方式；

主电机：开启、关闭变频电机；

Ⅰ正转：输入端 ZJ10 型传感器电机正向转动的开启、关闭；

Ⅰ反转：输入端 ZJ10 型传感器电机反向转动的开启、关闭；

Ⅱ正转：输出端 ZJ50 型传感器电机正向转动的开启、关闭；

Ⅱ反转：输出端 ZJ50 型传感器电机反向转动的开启、关闭；

电流粗调：FZ5 型磁粉制动器加载粗调；

电流微调：FZ5 型磁粉制动器加载微调。

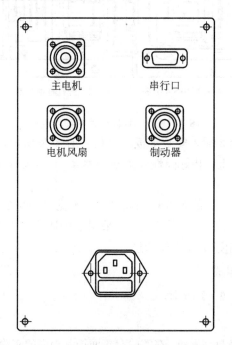

主电机　　　　串行口

电机风扇　　　制动器

图 3.6 - 21　控制信号接口板

控制柜控制操作面板及控制信号接口板如图 3.6 - 20 和图 3.6 - 21 所示。测试控制信号线接法如下：

（1）扭矩及转速信号的输入：

在控制柜控制操作面板上有两组转矩、转速传感器Ⅰ、传感器Ⅱ，信号输入航空插座，将两台转矩、转速传感器Ⅰ、传感器Ⅱ的相应输出信号用两根高频电缆线连接。转动传感器，传感器上发光管应闪动。若无闪动，可检查电缆线及航空插头是否存在松动、断线、短路、插针缩进等现象。

（2）磁粉制动器控制线连接：

将磁粉制动器上的制动电流控制线接到控制柜侧面的控制信号接口板上对应的（制动器）五芯航空插座上（见图 3.6 - 21），并旋紧。

（3）变频电机控制线连接：

变频电机控制连线有电机转速控制线和风扇控制线两根，分别将它们接入控制柜侧面的控制信号接口板。

（4）串行通信线连接：

本实验台实验方式分为手动方式和自动方式。当采用自动方式时，应通过标准 RS - 232 串行通信线将控制柜控制信号接口板上的串行端口与计算机串口连接。

连接好所有控制、通信线后，按下实验台控制柜控制操作面板（见图 3.6 - 20）上相应的电源开关，接通实验台相关电源，进入实验待机状态。

3. 控制系统工作方式

本实验台实验方式分为手动和自动两种。

1）手动方式

手动方式是实验者采用手动调节的控制方式，按预先制定的实验方案，通过实验台控制操作面板控制电机转速及磁粉制动器的制动力（即工作载荷），来完成整个实验过程的操作。方法如下：

• 接通实验台总电源

正确可靠地连接系统电源及各信号控制线后，按下图 3.6 - 20 所示控制操作面板上的电源开关按钮，接通电源，电源指示灯亮。四组输入输出转速、转矩的 LED 数码显示器显示"0"。

• 复位

实验台总电源开启后，实验台控制柜内采样控制卡一般处于复位状态，四组输入输出转速、转矩 LED 数码显示器显示"0"；否则可按复位按钮，使采样控制卡复位，LED 数码显示器显示"0"。

• 清除"零位"误差

"清零"按钮的作用是清除磁粉制动器零位误差。当变频电机达到实验预定转速，并稳定运转时，若磁粉制动器不通电（制动电流为零），由于有磁粉制动器剩磁作用等，则会引起不稳定的零位漂移。在变频电机稳定运转过程中，按压"清零"按钮，可清除零位误差。

• 电机转速控制

按压控制面板上的电机电源开关，接通电机及变频控制器（见附图 3.6 - 1）电源，变频控制器 LED 数码显示器显示"0"。将变频控制器设置为手动控制模式，方法见本节附录一。按实验预定方案，调节变频控制器上的调速电位器，观察输入转速（即变频电机输出转速）LED 数码显示器，直至控制电机转速达到某预定转速，并稳定运转。

• 磁粉制动器手动控制

按压实验台控制柜控制操作面板上的磁粉制动器电源开关，磁粉制动器电源接通。将控制操作面板上的钮子开关切换至"手动"，手动旋转磁粉制动器控制电流调节电位器旋钮，即可调节磁粉制动器制动力（即负载）的大小。调节控制电位器设有粗调和细调两挡。

实验台控制柜控制操作面板上设有四组输入输出转速、转矩LED数码显示器，采用手动方式通过抄录实验显示数据，可脱开计算机从而进行人工分析、绘制实验曲线，完成实验报告。

2）自动方式

按压控制面板上的电机电源开关，接通电机及变频控制器电源，变频控制器LED数码显示器显示"0"。

将变频控制器设置为自动控制模式，方法见本节附录一。

实验操作方法及步骤见以下说明。

（四）系统软件说明

1. 运行软件

双击桌面的JCZS-Ⅱ图标，进入该软件运行环境。

2. 界面总览

图3.6-22显示的就是软件的运行界面，点击"登陆系统"按钮进入主程序界面（见图3.6-23），点击"帮助"可以查看帮助文件。

图3.6-22　软件运行界面

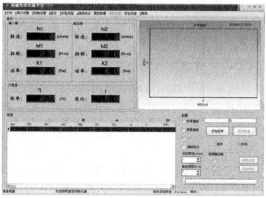

图3.6-23　主程序界面

如图3.6-23所示，主程序主要分为主程序菜单、显示面板、系统控制操作面板、测试记录数据库、状态栏五个部分。

1）主程序菜单

主程序菜单有"文件"、"串口设置"、"初始设置"、"复位"、"实验类型"、"曲线拟合"、"模拟数据"、"运动仿真"、"学生信息"、"帮助"等主要功能。其中"文件"菜单如图3.6-24所示。

"文件"菜单由"打开"、"保存数据"、"另存为"、"打印"、"Exit"五部分组成。"打开"命令用于打开保存的实验数据；"保存数据"命令用于保存当前的实验数据；"另存为"命令的功能和"保存数据"类似;"打印"命令用于打印当前的实验数据和图表,即实验报告。"Exit"命令即退出程序。

打印命令如图 3.6-25 所示。

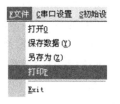

图 3.6-24 "文件"菜单
图 3.6-25 打印命令

完成实验后,需要打印数据和图表。单击"打印"命令后,弹出如图 3.6-26 所示的"打印设置"对话框,正确选择打印机,其他可根据需要设置。

在主程序菜单中选择"串口设置",会弹出如图 3.6-27 所示的菜单选项,可根据串口的使用说明进行正确设置。

图 3.6-26 "打印设置"对话框
图 3.6-27 "串口设置"菜单选项

"初始设置"的菜单选项如图 3.6-28 所示。

选择"基本参数设置",弹出如图 3.6-29 所示的对话框。

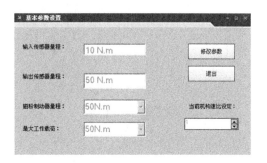

图 3.6-28 "初始设置"菜单选项
图 3.6-29 "基本参数设置"菜单选项

此对话框需要根据实际的机械结构做选择,对于"输入传感器量程"、"输出传感器量程"、"磁粉制动器量程",目前不需要修改,可以保持默认状态,"最大工作载荷"的设置可以改变上位机控制磁粉制动器输出量程。机构速比设定需要根据当前机构类型设置，对上述参数的设置可以通过"修改参数"按钮实现。

"实验模式"的选择包括"自动"和"手动"两种模式，在自动模式下，上位机软件可控制磁粉制动器的扭矩和变频器的转速（注：自动模式下需要设置磁粉制动控制器和变频器为工作下外部控制模式）；手动模式和自动模式相反，上位机不控制磁粉制动器的扭矩和变频器的转速，并且需要把磁粉制动控制器和变频器设置为内部控制模式。

在主程序菜单中选择"复位"，会弹出如图 3.6-30 所示的提示框。

如果点击"是(Y)"，此操作会清除所有实验数据和图表，并把程序恢复到初始状态。此操作一般用于开始一个实验前初始化设备。注意：此操作会清除当前所有实验数据，不可恢复，在进入下一个实验前请先保存好当前实验数据。

在开始一个实验前，要先选择一个实验类型。在主程序菜单中单击"实验类型"，会弹出如图 3.6-31 所示的菜单选项，选择当前需要操作的实验机构。

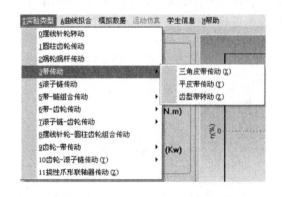

图 3.6-30 "复位"提示框　　　　　　图 3.6-31 "实验类型"菜单选项

"曲线拟合"菜单如图 3.6-32 所示。

需要对当前的实验数据或模拟数据进行数据拟合并显示时可以操作此选项。选择"拟合设置"会弹出如图 3.6-33 所示的对话框，当前的程序默认采用了多项式拟合，拟合次数可修改。

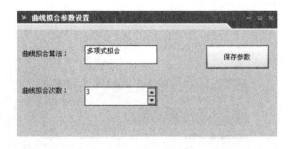

图 3.6-32 "曲线拟合"菜单　　　　　图 3.6-33 "曲线拟合参数设置"的对话框

对于所需要显示的拟合曲线，可以通过点击"曲线拟合"选项，弹出如图 3.6-34 所示的界面来选择。

在主程序菜单中，选择"模拟数据"，会弹出如图 3.6 - 35 所示的菜单选项。

图 3.6 - 34　"曲线拟合"选项　　　　　　　　图 3.6 - 35　"模拟数据"菜单选项

此选项用于显示不同机构的模拟数据，"当前选定机构"用于显示当前选择的实验机构的模拟数据；"其他典型机构"会跳出一个如图 3.6 - 36 所示的对话框，用于选择需要显示的机构模拟数据；退出模拟数据状态可通过"清除模拟数据"或"复位"来实现。

"学生信息"选项用于注册当前实验的学生信息，如图 3.6 - 37 所示。

图 3.6 - 36　"典型机构—模拟数据"对话框

图 3.6 - 37　"学生信息注册"对话框

"帮助"选项如图 3.6 - 38 所示。

图 3.6 - 38　"帮助"菜单

帮助选项包含"帮助文件"和"关于"两个选项，其中"帮助文件"可以指导学生具体操作并包含注意事项，"关于"显示的是本产品的信息。

2）显示面板

显示面板用于显示测试数据及曲线，如图 3.6 - 39 所示。

3）系统控制操作面板

系统控制操作面板如图 3.6 - 40 所示。

在开始一个实验前，需要先在系统控制操作面板中设置系统的工作模式，即手动模式还是自动模式（关于模式选择也可以通过菜单栏中的"初始设置"中的"实验模式"来选择）。

当设置为自动模式时还需要设置参数，即设定转速和在"变频器控制"中选择正转还是反转，设置完参数点击"保存设置"，如图 3.6 - 41 所示，此时可以点击"启动电机"来启动设置好的电机，启动电机后需要等到电机转速达到设定转速后才可以控制磁粉制动器输出扭矩。

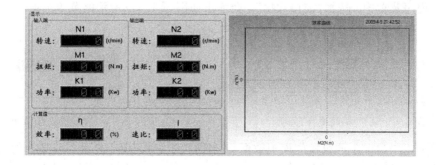

图 3.6－39　显示面板

图 3.6－40　系统控制操作面板

图 3.6－41　参数的设置

　　启动电机后系统会自动打开"开始采样"（图 3.6－42），此时也可点"保存数据"来保存当前的实验数据，如图 3.6－43 所示。

图 3.6－42　系统自动打开"开始采样"

图 3.6－43　保存当前实验数据

　　在电机转速达到设定转速后，可以通过如图 3.6－44 所示的控制条来控制磁粉制动器的输出扭矩。当扭矩达到所需要值时，可以点"保存数据"按扭，完成一组实验数据的采集。

图 3.6－44　通过控制条控制输出扭矩

保存数据后，可以在数据显示区看到所完成的实验数据，如图 3.6-45 所示。

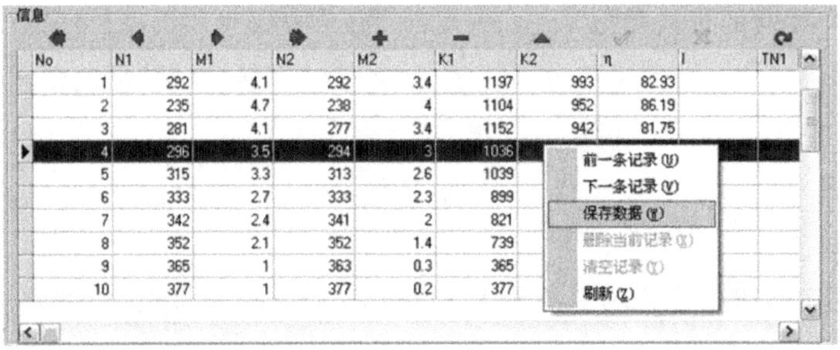

图 3.6-45 数据显示区

4）测试记录数据库

测试记录数据库用以保存实验数据，可以在数据显示区观察或修改当前实验所得到的实验数据。

在数据显示区中，可以通过点击鼠标右键来操作数据选项，包括前一条记录、下一条记录、保存数据、删除当前记录、清空记录、刷新。

其中"保存数据"功能可以保存当前的实验数据，供以后查看；点击"删除当前记录"会删除当前选中的数据栏中的数据（上图中深色标记的数据）；点击"清空记录"会删除当前采集的所有数据（注意此操作对数据是不可恢复的）。对数据的操作也可通过以下符号标签来实现，每个标签的含义对应列在右侧。

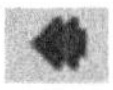

回到第一条记录

前一条记录

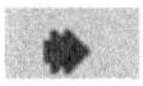

后一条记录

最一条记录

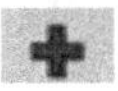

增加一条记录

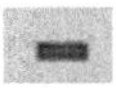

删除一条记录

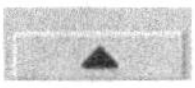

修改记录

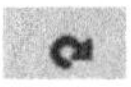

刷新记录

5）状态栏

图 3.6-46 所示为状态栏，显示当前实验过程的状态。

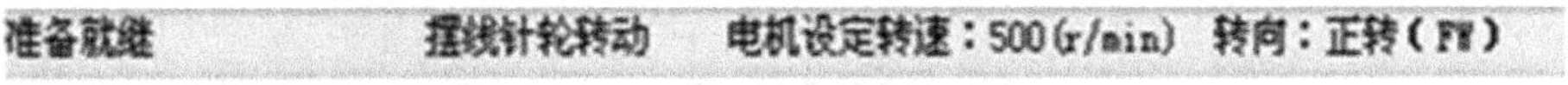

图 3.6-46 状态栏

（五）实验操作步骤

1. 进入主程序界面

主程序界面如图 3.6-23 所示。

2. 打开串口

计算机是通过 RS232 串口与实验设备连接的，软件默认选择的是计算机的 COM1 端口，如果连接的计算机串口不是 COM1，请选择到相应端口，如图 3.6 - 27 所示。

3. 选择需要实验的机构类型

根据机构运动方案搭建的机构类型在软件菜单栏"实验类型"中选定实验机构类型，见图 3.6 - 31。

4. 初始设置

1）基本参数设置

根据具体的实验机构设置相应的最大工作载荷和机构传动速比，见图 3.6 - 29。

2）设置系统实验工作模式

系统的工作模式分为自动和手动。可通过初始设置选项中的实验模式或在配置界面直接设置工作模式。

5. 参数设置，启动电机

如果在自动模式下，需要设置转速和变频器转向，保存参数后启动电机，这时系统会自动采集参数和控制变频器输出转速。

如果在手动模式下，只需要点击"开始采样"就可采样数据了，见图 3.6 - 42。

6. 控制输出转矩

通过调整扭矩控制条可以控制磁粉制动器的输出扭矩，见图 3.6 - 44。

7. 保存数据，显示曲线，拟合曲线

可以通过点击"保存数据"按扭来保存一组当前采集的实验数据，当采集到足够数据时，就可以通过选择曲线拟合选项来显示曲线以及拟合曲线。图 3.6 - 47 所示为某个实验的拟合曲线。

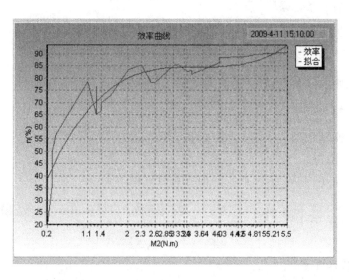

图 3.6 - 47 拟合曲线

8. 保存实验数据，打印

完成一个实验后，保存所有实验数据并打印实验报告，方法参考"（四）系统软件说明"中的内容。

9. 复位

当完成本实验重新开始做实验时，可通过复位来清除当前数据，但需要先保存好前一次的实验数据，以免造成不必要的损失。

10. 退出系统

完成实验后，需要正确退出系统。退出系统的方式有两种：一种是在"文件"菜单中点击"Exit"，如图3.6-48所示；另一种是点击软件运行界面中的"退出系统"，如图3.6-22所示。

图3.6-48　退出系统

（六）实验注意事项

（1）搭接实验装置前应仔细阅读本实验台的说明书，熟悉各主要设备的性能、参数及使用方法，正确使用仪器设备及教学专用软件。

（2）由于电动机、被测试传动装置、传感器、磁粉制动器的中心高不一致，搭建实验装置时，应选择合适的垫板、支撑座、联轴器，调整好设备的安装精度，从而保证测试的数据精确。注意各组件均不可握轴搬动，组装时，必须关闭实验台电源。

（3）在搭接好实验装置后，用手驱动电机轴，如果装置运转灵活，便可接通电源，否则应仔细检查并分析造成运转干涉的原因，并重新调整装配各连接轴的中心高、同轴度，直到运转灵活为止，以免损坏转矩转速传感器。

（4）本实验台采用风冷却磁粉制动器方式，注意其表面温度不能超过80℃，实验结束后应及时卸除负载。

（5）在施加实验载荷时，无论使用手动方式还是自动方式都应平稳加载，且最大加载不得超过传感器的额定值。

（6）无论做何种实验，都应先启动主电机后加载荷，严禁先加载后启动。

（7）在实验过程中，如遇电机转速突然下降或者出现不正常噪音和震动时都应按紧急停车按钮，防止烧坏电机或造成其他意外事故。

（8）变频器出厂前所有参数均已设置好，无需更改。

（七）维护和保养

（1）实验台应安装在环境清洁、干燥、无震动、无磁场干扰、无腐蚀气体、无动力源的实验室内。环境温度为−2℃～30℃，相对湿度≤85%。

（2）应注意对没有法兰、喷漆的加工表面擦拭涂油，不用时注意防止灰尘等侵入。

（3）应定期检查各类减速器润滑油的份量和质量，及时添加润滑油或更换混入杂质、变质的润滑油。

（4）传感器本身是一台精密仪器，严禁手握轴头搬运（对小规格应尤其注意），严禁在地上拖拉，安装联轴器时严禁用铁质榔头敲打。

（5）磁粉制动器如长期不用，则应当存放在通风干燥处，对于存放一年以上的产品，建议进行一次全面的保养；如长期工作，发现转矩下降到不能正常工作，建议更换新磁粉。

（6）实验台不工作时应切断电源。

四、实验内容

（1）自主设计满足一定要求的机械传动系统方案，画出机械传动系统框图（草图）；

（2）按所设计的机械传动系统方案，在实验平台上搭建机械传动性能综合测试系统；

（3）进行机械系统性能测试（主电机转速一定载荷变化），记录相关数据；

（4）绘制性能参数曲线（转速曲线、转矩曲线、传动比曲线、功率曲线及效率曲线等）；

（5）根据测试结果分析机械传动系统设计方案。

五、实验步骤

（1）仔细阅读本实验台的使用说明书，熟悉实验台的结构组成及各主要设备的性能、参数及使用方法，做到正确使用仪器设备及测试软件。

（2）自主设计满足一定要求的机械传动系统方案，并画出草图。

（3）从实验台零部件库中选择所需零部件，搭建机械传动性能综合测试系统，并正确连线。

（4）用手转动电机轴，查看所装配的机械传动系统运转有无卡滞现象，调节系统至能顺畅运转为止。

（5）接通电源，启动电机，打开测试软件。

（6）设置实验参数，设定转速，改变载荷（注意不要超载），利用测试软件进行数据（转速、扭矩、功率、效率、速比）采集，记录数据，观察系统运行情况。

（7）先卸载，再降速，关闭电机，切断电源，整理实验台。

（8）画出实验参数曲线，进行实验结果分析，评价机械传动系统方案。

（9）撰写实验报告。

附录一：变频控制器及变频电机运行操作方法

一、变频器控制方式设置

（一）手动（面板）控制模式

变频器的面板如附图 3.6-1 所示。

1. 接通变频器电源

按下实验台控制操作面板上总电源及电机电源开关按钮，接通变频器电源，变频器显示"0"。

2. 频率输入通道选择—面板电位器控制

（1）按 MODE 键，直至变频器显示"b－　　0"；

（2）按 SHIFT 及 △ 键修改变频器显示"b－　　1"；

（3）按 ENTER 键确认，按 △（或 ▽）键至变频器显示"0"；

附图 3.6-1　变频器面板

（4）按 ENTER 键确认。

3. 运行命令输入通道—面板方式

（1）按 MODE 键，直至变频器显示"b－　　0"；

（2）按 $\boxed{\text{SHIFT}}$ 及 $\boxed{\triangle}$ 键修改变频器显示"b—　2"；

（3）按 $\boxed{\text{ENTER}}$ 键确认，按 $\boxed{\triangle}$（或 $\boxed{\triangledown}$）键至变频器显示"0"；

（4）按 $\boxed{\text{ENTER}}$ 键确认。

4. 复位

按两次 $\boxed{\text{MODE}}$ 键，变频器复位，显示"0"，进入手动（面板）控制模式待机状态。

（二）自动（外部）控制模式

1. 接通变频器电源

按下实验台控制操作面板上的总电源及电机电源开关按钮，接通变频器电源，变频器显示"0"。

2. 频率输入通道选择—外部电压信号控制

（1）按 $\boxed{\text{MODE}}$ 键，直至变频器显示"b—　0"；

（2）按 $\boxed{\text{SHIFT}}$ 及 $\boxed{\triangle}$ 键修改变频器显示"b—　1"；

（3）按 $\boxed{\text{ENTER}}$ 键确认，按 $\boxed{\triangle}$（或 $\boxed{\triangledown}$）键至变频器显示"2"；

（4）按 $\boxed{\text{ENTER}}$ 键确认。

3. 运行命令输入通道—外部方式

（1）按 $\boxed{\text{MODE}}$ 键，直至变频器显示"b—　0"；

（2）按 $\boxed{\text{SHIFT}}$ 及 $\boxed{\triangle}$ 键修改变频器显示"b—　2"；

（3）按 $\boxed{\text{ENTER}}$ 键确认，按 $\boxed{\triangle}$（或 $\boxed{\triangledown}$）键至变频器显示"1"；

（4）按 $\boxed{\text{ENTER}}$ 键确认。

4. 复位

按两次 $\boxed{\text{MODE}}$ 键，变频器复位，显示"0"，变频器进入自动（外部）控制模式待机状态。

注意：变频器对控制模式具有记忆功能，断电重启后默认前次设置的控制模式。所以，若要改变控制模式，必须重新设置控制字。

二、电机运行操作步骤

（一）手动控制方式

（1）接通电源，变频器显示"0"；

（2）将变频器设置为手动控制模式；

（3）将面板电位器旋钮逆时针旋转到底，频率设定为0；

（4）按 $\boxed{\text{FWD}}$ 键启动变频器，显示"0.0"；

（5）顺时针缓缓旋转面板电位器旋钮，变频器的输出频率由 0.0 Hz 开始增加，电机开始运转；

（6）观察电机的运行是否正常，若有异常立即停止运行、断电，查清原因后再运行；

（7）将面板电位器顺时针旋转到底，则变频器的输出频率为 50.00 Hz，电机按 50.00 Hz 频率运转；

（8）按 $\boxed{\dfrac{\text{STOP}}{\text{RESET}}}$ 键停止运行；

（9）切断电源开关。

（二）自动控制方式

（1）接通电源，变频器显示"0"；

（2）将变频器设置为自动控制模式；

（3）由计算机自动控制变频电机运转；

（4）按 $\boxed{\dfrac{\text{STOP}}{\text{RESET}}}$ 键停止运行；

（5）切断电源开关。

注：以上操作方法参见随实验台附带的《变频器操作手册》。

附录二：JCZS-Ⅱ机械传动性能综合实验台组件清单 件/套

序号	名　称	型　号　及　规　格	数量	备注
1	实验台底座	4门控制柜及安装平台	1	
2	电机底座		1	
3	摆线针轮减速器底座		1	
4	输入传感器底座		1	
5	磁粉制动器底座		1	
6	蜗轮蜗杆减速器底座		1	
7	输出传感器底座		1	
8	轴承座长支撑		1	
9	轴承座短支撑		2	
10	齿轮箱底板		1	
11	轴承座		2	含轴承、传动轴
12	圆柱支撑		2	
13	固定挡圈		2	
14	联轴器	孔径 $\phi12$、$\phi14$、$\phi16$、$\phi17$、$\phi25$（各1件），$\phi18$（5件），$\phi19$（1件），$\phi20$（1件）	12	
15	链轮	$t=12.7$　$Z_1=17$　$Z_2=25$	各1	
16	平皮带轮	$\phi86$、$\phi112$、$\phi132$	各1	
17	三角带轮	$\phi80$、$\phi110$、$\phi130$	各1	
18	同步圆弧齿型小带轮	P40-5M-12-AF	1	
19	同步圆弧齿型大带轮	P62-5M-12-C	1	

续表

序号	名　称	型号及规格	数量	备注
20	变频电机	YP - 50 - 055 - 4	1	
21	变频器	CVF - S1 - 2S0007B	1	
22	转矩转速传感器	JN338A	1	
23	转矩转速传感器	JN338A	1	
24	磁粉制动器	DZF - 5	1	
25	蜗轮减速器	FCA - 50	1	
26	摆线针轮减速器	WB100 - W	1	
27	圆柱齿轮减速器		1	
28	O 型三角胶带	带长 1000 mm	1	
29	平皮带	带宽 12 mm、厚 2 mm、长 900 mm	1	
30	同步带	节距 = 5 带长 L = 875 mm	1	
31	滚子链	t = 12.7　72 节	1	
32	标准件	螺栓、螺钉等	若干	
	工　具			
1	游标卡尺	0～150 mm	1	
2	角尺	100 mm	1	
3	水平仪	100 mm	1	
4	内六角板手	5♯、6♯	各 1	
5	百分表	0～10 mm	1	
6	磁性百分表座		1	
7	组合工具包		1	
8	电机转速表		1	
	附　件			
1	电源线		1	
2	串行通讯线		1	
3	JCZS - Ⅱ 机械传动性能综合实验台使用说明书		1	
4	JCZS - Ⅱ 机械传动性能综合实验台光盘		1	

附录三：弹性柱销联轴器配置图

弹性柱销联轴器的配置图如附图 3.6-2 所示。

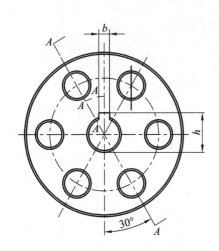
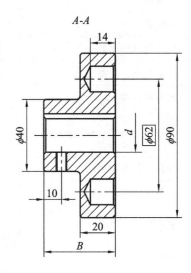

附图 3.6-2　弹性柱销联轴器

d	b	B	h	数量	用　途
$\phi 12_0^{+0.027}$	4 ± 0.015	40	$13.8_0^{+0.1}$	1	蜗杆轴
$\phi 14_0^{+0.027}$	5 ± 0.015	40	$16.3_0^{+0.1}$	1	摆线针轮减速器输入
$\phi 16_0^{+0.027}$	4 ± 0.015	40	$18.3_0^{+0.1}$	2	齿轮箱输入轴、轴承座
$\phi 17_0^{+0.027}$	5 ± 0.015	40	$19.3_0^{+0.1}$	1	蜗杆轴
$\phi 18_0^{+0.027}$	6 ± 0.015	40	$20.3_0^{+0.1}$	4	摆线针轮减速器输出、转矩转速测量仪
$\phi 19_0^{+0.033}$	6 ± 0.015	40	$21.8_0^{+0.1}$	1	电机
$\phi 20_0^{+0.033}$	6 ± 0.015	40	$22.8_0^{+0.1}$	2	齿轮箱输出轴、轴承座

实 验 报 告

姓名		学号		班级	
组别		实验日期		成绩	

一、实验目的

（1）学会拟定机械传动方案。

（2）利用所给实验平台及零部件库，按拟定机械传动方案自主搭建出满足一定要求的机械传动系统。

（3）通过测试不同机械传动装置在传递运动与动力过程中的参数曲线（速度曲线、转矩曲线、传动比曲线、功率曲线及效率曲线等），加深对常见机械传动性能的认识和理解。

（4）了解机械传动系统输入端转矩、输出端转矩与转速的变化关系。

（5）通过测试由常见机械传动组成的不同机械传动系统的参数曲线，分析机械系统的性能，评价传动方案的优劣，掌握机械传动合理布置的基本要求。

（6）通过实验培养学生进行设计性、创新性实验及自主实验的能力。

二、实验设备

本实验的实验设备是机械传动性能综合测试实验台。

三、实验记录

序号	加载电压 /V	输入转速 n_1/(r/min)	输出转速 n_2/(r/min)	输入转矩 M_1/(N·m)	输出转矩 M_2/(N·m)	输入功率 N_1/kW	输出功率 N_2/kW	速比 i	效率 η （%）
1									
2									
3									
4									
5									
6									

四、实验报告

（1）画出自主设计的机械传动系统的传动路线框图。

（2）画出测试数据表（转速 n、扭矩 M、功率 N、效率 η、速比 i）。

（3）绘制实验参数曲线，转矩-效率曲线，即 $M-\eta$（转速 n 固定，$n=$　　　　r/min）。

（4）通过实验结果分析转矩对传动性能的影响。

（5）评价机械传动系统的传动性能。

（6）在设计多级机械传动系统方案时应注意哪些问题？

（7）写出在实验中遇到的问题以及解决问题的方法。

五、实验心得